YIXUE SHENGWUHUAXUE SHIYAN JIAOCHENG

医学生物化学实验教程

主　编：郑红花　张云武

副主编：宋　刚　张　弦　黄小花　李东辉

厦门大学出版社
XIAMEN UNIVERSITY PRESS
国家一级出版社
全国百佳图书出版单位

图书在版编目（CIP）数据

医学生物化学实验教程 / 郑红花，张云武主编. -- 厦门：厦门大学出版社，2018.8(2022.8 重印)
ISBN 978-7-5615-6894-1

Ⅰ. ①医… Ⅱ. ①郑… ②张… Ⅲ. ①医用化学—生物化学—实验—教材 Ⅳ. ①Q5—33

中国版本图书馆CIP数据核字(2018)第060550号

出 版 人 郑文礼
责任编辑 眭 蔚 黄雅君
封面设计 蒋卓群
技术编辑 许克华

出版发行 厦门大学出版社
社　　址 厦门市软件园二期望海路 39 号
邮政编码 361008
总 编 办 0592-2182177 0592-2181406(传真)
营销中心 0592-2184458 0592-2181365
网　　址 http://www.xmupress.com
邮　　箱 xmup@xmupress.com
印　　刷 广东虎彩云印刷有限公司

开本 787 mm×1 092 mm 1/16
印张 11
字数 296 千字
版次 2018 年 8 月第 1 版
印次 2022 年 8 月第 3 次印刷
定价 28.00 元

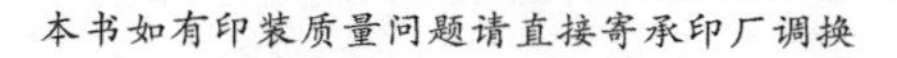
本书如有印装质量问题请直接寄承印厂调换

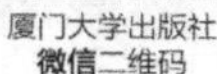
厦门大学出版社
微信二维码

厦门大学出版社
微博二维码

编委会

主　编： 郑红花　张云武

副主编： 宋　刚　张　弦

黄小花　李东辉

编　委（按照姓氏笔画顺序排列）

王　鑫　占艳艳　吕文清

庄江兴　李东辉　李艳芳

宋　刚　张云武　张　弦

郑红花　黄小花

单　位： 厦门大学医学院

前言

医学生物化学实验是一门实践性非常强的课程，是生命科学最重要、最活跃的分支之一，可以帮助我们从分子水平探讨人体生命现象的本质，揭示生命的奥秘。它是重要的医学专业基础课程，与其他医学课程有着广泛而密切的联系。实验课程目的一方面在于让学生系统地学习、掌握生物化学实验的基础理论知识和基本技术手段，培养学生的动手能力、科研意识和科研能力，启迪其创新思维；另一方面在于培养学生灵活运用生物化学知识在分子水平上探讨病因、阐明发病机理及制定疾病防治措施的能力，即能够测定常规临床生化项目，并能分析其对临床疾病的诊断意义，为后期临床专业课的学习及医学诊疗技术的操作奠定良好的基础。

长期以来，各医学院校根据各自的实验条件及教学特点，均拥有自己单独的实验教材。厦门大学医学院于1996年成立以来就设立了临床医学、药学等医学及相关专业课程，一直未曾有自己正式出版的医学生物化学实验教材。因此，我们通过认真研究，制定了一套有厦门大学"研究型大学"特色的、针对性强的基础医学生物化学实验教学体系。本教材突出医学院校本科生学习生物化学的特点，特别是其以临床案例教学为基础的实验课程体系，旨在提高学生对生物化学实验课程的学习兴趣，将基础教学实验课程与理论课程紧密联系在一起，使他们真正领悟到基础生物化学知识对临床学习及临床应用的重要性。

按照复合型人才的培养目标，本教材同时注重学生综合能力和团队协作精神的培养，在内容形式上设计不同实验项目。学生在学习掌握基本的生物化学实验技术的同时，必须学会团队合作、彼此密切配合才能完成整个实验项目，从而由浅入深地学习了解生物化学最新实验技术。本教材在综合类实验项目中采取传统技术与现代技术的结合、多方验证、正反比较等原则进行实验设计内容的改进，由学生协作完成整个实验过程，在此过程中实现学生综合能力和团队协作精神的培养。

参与本教材编写的所有教师均为一线的科研教学人员，具有多年丰富的教学经验。本书的出版由福建省教育厅教研经费(JZ160069)资助，同时得到了厦门大学医学院各级领导的大力支持，还得到了2016级本科生庄净斌、郗玥美、吴一平、王雨燕等同学的帮助以及2017级硕士研究生程宝映、陈颖闽和2018级硕士研究生李欣等同学的大力帮助，在此一并致谢。

我们虽尽力避免，但由于编者水平有限，书中错误在所难免，恳请各位专家读者和同学们批评指正，提出宝贵意见。

郑红花、张云武

2018年3月1日于厦门

目 录

第一章 概 述

第一节 医学生物化学实验课的目的和任务

医学生物化学是在分子水平上研究生命的科学，所阐述的是人体的化学物质组成、物质代谢及其调控过程以及代谢异常等情况与疾病发生之间的关系等内容。该学科的快速发展在很大程度上得益于一系列实验技术的创新和仪器设备的发明，如分光光度技术、离心技术、电泳技术、层析技术等，这些技术本身构成了生物化学的重要内容。医学生物化学实验技术（experimental techniques of biochemistry）以生物体系中的分子、离子、亚分子（自由基）为研究对象，通过各种实验手段对其理化性质、组成结构、功能活性以及在生命活动中的作用进行研究。作为一门基础医学实践性课程，医学生物化学的实验技术和方法有其不同于一般生物化学的独有特点，它强调了其作为重要的医学基础课程对医学临床实践的指导意义。医学生物化学实验教学是学生实验技能与创新素质培养不可缺少的一个重要环节，是帮助学生掌握基本实验技能、提高学生独立思考和分析能力的重要手段，是培养学生严谨科研作风和良好科研思维的重要途径，同时也是他们理解临床知识的重要基础。通过对本课程的学习，使他们能够具备一定的科研能力和养成良好的科研素质，使他们能够运用生物化学理论和技术手段，更深刻地理解临床上神经系统疾病、恶性肿瘤疾病、心血管疾病等多种疾病发生的生化机制，并将其用于疾病的诊断、治疗和预防。

（郑红花）

第二节 医学生物化学实验室基本要求

实验室是学生进行技能训练，开展科技活动的重要场所。为保证实验教学安全有序地进行，特制定本实验室规则与基本要求，这是每一位进入实验室的教师和学生均必须遵守的规定。

一、实验室纪律

(1)每位进入实验室的学生均应穿工作服，扣好扣子。

(2)每位学生应该自觉地遵守课堂纪律，不迟到，不早退。

(3)不穿露脚趾的鞋子进入实验室。

(4)严禁在实验室披头散发。

(5)自觉维护课堂秩序，保持室内安静，不高声交谈，以免影响他人。

(6)严禁在实验室嬉戏、打闹。

(7)不带食物或饮料进实验室。

(8)不玩手机，不做任何与实验无关的事情。

(9)禁止做实验时穿高跟鞋。

(10)及时上交实验报告。

二、严守规范

实验课前应认真预习，将实验名称、目的和要求、原理、实验内容、操作方法和步骤等详细地写在记录本中。实验过程中要认真听讲，听从教师指导，严格按操作规程进行实验。实验过程中应简要、及时准确地将实验观察到的现象、实验结果或数据记录在实验记录本上。同时要认真写好实验报告，不得抄袭或臆造，及时上交，养成良好的科研工作作风。

实验过程中及实验完毕后，严禁乱倒乱扔实验残余的化学试剂或样品，不可把滤纸、胶等固体或半固体物质倒进水槽内；剩余试剂，特别是强酸强碱等腐蚀性或挥发性液体倒入指定容器中集中处理；生物样品如血液，动物尸体等放置于指定地点集中处理。

实验结束后经教师检查同意，方可离开实验室。

三、保持实验台面整洁有序

保持环境整洁和仪器的整齐清洁是做好实验的重要条件，也是每个实验者必须养成的良好的工作习惯。实验室地面、实验台面和试剂药品架都必须保持整洁，严禁随地吐痰、乱抛纸屑杂物等；要有序放置仪器药品，不随意搬动实验仪器设备、器皿、药品等；不要把试剂、药品洒在实验台面和地上。实验完毕需将仪器洗净收好，药品试剂按原位摆放整齐，及时清点所有物品用具。离开实验室前，要把实验台面和地面抹擦干净，桌椅摆放整齐，确保实验室整齐清洁后才能离开。

四、节约试剂，杜绝浪费

(1)使用药品试剂必须注意节约，杜绝浪费，要特别注意保持药品和试剂的纯净，药品用后须立即将瓶盖塞紧放回原处，从试剂瓶中取出的试剂，标准溶液等，如未用尽切勿倒回瓶内，避免混杂与污染。

(2)任何装有化学药品的容器都必须贴上标签，注明其名称、浓度、配制者及配制时间。

(3)在使用任何化学药品前，一定要熟知该化学药品之性质。

(4)在使用特殊化学药品时，应佩戴必要的个人防护具，如防护服、防护手套等。使用时务必仔细小心。

(5)在使用特殊化学试剂(如危险品或致癌试剂等)时，一定要严格按照老师的要求，做好防护工作。

五、爱护仪器，遵守规程

各种仪器用具均应注意爱护，细心使用，防止损坏，使用分析天平，分光光度计和离心机、电泳仪等贵重精密仪器，要严格遵守操作规程，发现故障应立即报告教师，不要自己动手检修，要爱护公共财产。若因违反操作规程或不听从教师指导而造成损坏，应给予一定赔偿。

六、注意安全，防患未然

为了有效地维护实验室安全，保证实验正常进行，要求：

(1)实验完毕要严格做到关闭火源。

(2)勿使乙醚、丙酮、醇类等易燃液体接近火焰，蒸发或加热此类液体时，必须在水浴上进行，切勿用明火直接加热。

(3)凡比水轻且不与水相混溶之物(如醚、苯、汽油等)着火时，应迅速用湿毛巾覆盖火焰，以隔绝空气使其熄灭，绝不能倒水于其上，以免火焰蔓延，对于易与水混溶之物(如乙醇、丙酮等)着火时，可用灭火器扑灭。

(4)有不少药品是有毒或有腐蚀性的，不可用手直接拿药品，不可将试剂瓶直接对准鼻子嗅闻，更不可品尝药品味道。吸取有毒试剂、强酸和强碱时，均应用洗耳球吸取，严禁用口吸吸管移取。

(5)离开实验室时，要关好水龙头，拉下电闸，锁好门窗，认真仔细地进行检查，严防发生安全事故。

(6)每次实验课由班长安排同学轮流值日，值日生要负责当天实验室的卫生、安全和一切服务性工作。

七、意外发生，及时处理

(1)如实验过程中出现玻璃割伤、被实验动物咬伤等情况，要及时报告老师，进行消毒处理。严重者及时就医。

(2)发生可控制的火灾时，使用附近的灭火器，应注意灭火器的类型，按以下步骤进行操作：拉开环状保险栓；挤压杠杆；将喷嘴对准火苗底部喷射。

(3)若是衣服着火，可用湿布掩盖，以达到窒息火苗的目的；若是电线失火，应立即关闭电源后灭火。迅速向实验室负责人报告。

(4)当发生无法控制的火灾时，应立即通知实验室其他人员，撤离人员、重要物资等；离开实验室时应关掉所有电源。立即拨打火警电话。

(5)当发生人身意外伤害时,需要立即送医,并报告实验室安全负责人。

(郑红花)

第三节　实验记录及实验报告

一、实验记录

(1)实验记录本应标上页数,写上记录日期,记录人,不得随意抹擦或涂改,写错时可以准确地划去重写,且必须签名。记录时必须使用钢笔或圆珠笔。

(2)准确详尽记录数据或现象。从实验课开始就应养成良好的科研习惯,即实验中观察到的现象、结果和数据,应该及时地直接记在记录本上,绝对不可以用单片纸做记录或草稿、原始记录必须准确、详尽、清楚。

(3)如实记录所有数据或现象。严禁篡改实验数据!!! 篡改实验数据是严重的学术不端行为,要坚决杜绝。记录时,应做到正确记录实验结果,切忌夹杂主观因素,这一点十分重要。在实验条件下观察到的现象,应如实仔细地记录下来。在定量实验中观测到的数据,如物质的质量、滴定管的读数、光电比色计或分光光度计的读数等,都应设计一定的表格准确记下正确的读数,并根据仪器的精确度准确记录有效数字。例如,吸光度为 0.010,不应写成 0.01。实验记录上的每一个数字,都反映了每一次的测量结果,所以,重复观测时即使数据完全相同也应如实记录下来。数据的计算也应该写在记录本的另一页上,一般写在正式记录左边的一页。总之,实验的每个结果都应正确无遗漏地做好记录。

(4)记录仪器使用情况。实验中使用仪器的类型、编号以及试剂的规格、化学式、分子量、准确的浓度等,都应记录清楚,以便总结实验进行校对和作为查找成败原因的参考依据。每个仪器使用者在仪器使用结束后都必须对仪器的使用情况与状态进行登记,并签名。

(5)如果发现对记录的实验结果有怀疑、遗漏、丢失等,都必须重做实验。因为,将不可靠的结果当作正确的记录,在实际工作中可能造成难以估计的损失,所以,在学习期间就应努力培养一丝不苟、严谨的科研作风。

二、实验报告

实验结束后,应及时整理和总结实验结果,写出实验报告,实验报告的格式可供参考如下:

实验编号:____________　实验名称:________________________

实验日期:________________　实验者及其成员:____________

(一)实验目的:写明本次实验课要达到的目的,为什么要做这个实验。

(二)实验原理:即本次实验的理论依据是什么。原理部分用自己理解的语言简述基本原理即可。

(三)实验材料、试剂和仪器:本次实验用到的实验原材料、特殊或常用的试剂,需要依靠哪些仪器才能完成。

(四)实验步骤:实验是如何实施的。可以采用工艺流程图的方式或自行设计的表格来表示(某些实验的操作方法可以和结果与讨论部分合并,自行设计各种表格综合书写),操作的关键环节必须写清楚。

（五）实验结果：包括观察到的实验现象，得到的实验结果。某些情况下需要将获得的实验结果和数据进行整理、归纳、分析和对比，并尽量总结成各种图表，如原始数据及其处理的表格、标准曲线图（以及对比实验组与对照组实验结果的图表）等。

（六）讨论与分析：针对前述的实验结果得出什么样的结论，该结论说明什么问题。此部分主要涉及对实验的正常结果和异常现象（以及思考题）进行探讨，对实验设计的认识、体会和建议，对实验课遇到的问题（和思考题）进行探讨以及对实验的改进意见等，同时分析对临床疾病的诊断或治疗意义。

（郑红花）

第二章　医学生物化学基本实验技术

第一节　分光光度技术

一、分子光谱学基础知识

光谱学研究物质的吸收和辐射。最容易理解的光吸收现象是在可见光波段具有吸收能力的物质所显示出的颜色。例如，某物质的吸收发生在红色光谱区域，则该物质显示出蓝色。

光吸收强度和波长的测量是进行灵敏检测和建立定量分析方法的基础。吸收光谱是分子定量分析中最常用的一种方法，是许多元素定量测定的重要技术，也是生物化学中最常用的技术之一。

光是能量的一种形式，包含电和磁的性质，它可以被视为是由一连串的电磁波构成。

光可以用两种与光谱测量相关的方式定义。

(1)**波长(λ)**：定义为连续两个电磁峰之间的距离，以米为单位进行测量，最常用的单位是纳米(nm，即 10^{-9} m)。

(2)**频率(υ)**：定义为 1 s 内连续经过同一点电磁峰的数目。

因此，两者之间的关系是：

$$\upsilon \propto \frac{1}{\lambda} \tag{2-1-1}$$

可见光区波长范围在 400～750 nm，较短的波长在光谱的蓝端，较长的波长在光谱的红端。波长在 200～400 nm 的为近紫外区，而波长在 750～2000 nm(2 μm)的范围为近红外区。

光的能量与频率直接相关，因此与波长成反比。它可以用下式计算：

$$E = h\upsilon = \frac{hc}{\lambda} \tag{2-1-2}$$

式中　h——普朗克常数(6.626×10^{-34} J·s)；

υ——辐射频率；

λ——光的波长；

c——光速(3×10^{8} m·s^{-1})。

物质的光吸收包含能量的交换，为了理解这种交换的原理，有必要了解能量在一个原子或分子内的分布。

分子内部的能量至少来源于 3 个方面：

(1)与电子相关的能量。

(2)与原子之间的振动相关的能量。

(3)与其他基团相邻的分子内的各种原子的转动相关的能量。

分子的上述能量水平可因分子对光的吸收而改变。分子从一个能级跃迁到另一个能级所需要的精确能量,由具有特定频率的光子提供,换言之,光被分子选择性地吸收。

研究分子所吸收光的波长(或频率)提供有关其“身份”的信息,称为定性光谱,最常见的形式就是以波长表示的吸收光谱。测量光的总量则给出产生光吸收的分子数量的信息,称为定量光谱。

对生物化学而言,基于分子的紫外和可见光区吸收的分子吸收光谱是定量生物化学领域令人十分感兴趣的技术手段。分子对光的吸收依赖于化合物的电子结构,在这一波长区域的光谱吸收促使电子从分子的成键轨道跃迁到能量较高的分子的反键轨道。

二、紫外-可见分光光度法原理

(一)概述

吸光光度法是基于物质对光的选择性吸收而建立的光谱学分析方法。其涉及的光谱区域包括近紫外区、可见光区和近红外区,所覆盖的波长区间分别为200～400 nm、400～750 nm和750～2500 nm。

天然的和人工合成的物质中,许多具有颜色,如$CuSO_4$的水溶液是蓝色的,叶绿素溶液呈现绿色,而新提取的血红蛋白溶液为鲜红色等。具有颜色的物质其溶液的浓度改变时,溶液颜色的深浅也随之发生改变。溶液越浓,颜色越深;溶液越稀,颜色越浅。比色分析法就是通过比较溶液颜色的深浅来分析溶液中的有色物质,并确定其含量。

早期,人们在实验中观察到有色物质溶液的颜色随其浓度的提高而加深,继而发展出“目视比色法”。进一步的研究发现,溶液的颜色是由于有色物质对光的选择性吸收而产生的。采用滤光片进行分光并以光电池作为检测器可以定量测定溶液的浓度,即“光电比色法”。随着现代测试仪器、技术的发展,出现新一代的仪器——分光光度计,取代了比色计,分光光度法由此诞生。

纵观现代仪器分析技术的发展,紫外-可见分光光度法无疑是应用最广泛的仪器分析法之一。这一技术之所以得到了广泛的应用,是因为紫外-可见分光光度法具有以下特点:

首先,具有较高的灵敏度。分光光度法通常用于测定试样中含量在0.001%～1%的微量、半微量成分,测定10^{-7}～10^{-6}浓度的痕量成分也很常见。

其次,具有较高的准确度。分光光度法测定的相对误差为2%～5%,如采用更精密的科研级分光光度计进行分析、测量,其相对误差可进一步减少至1%～2%。对于常量组分的测定,分光光度法的准确度不及重量法和滴定法,但对于微量组分的分析、测定已能完全满足实际工作的要求。因为微量组分含量低,标准试剂消耗太少,难以采用滴定法或重量法进行测定。一般而言,分光光度法适于微量或低含量成分的测定,不适于高含量组分的测定。不过,采取适当的方法学处理,如采用示差光度法,也可实现高含量组分的分析、测定。

再次,适用范围广。分光光度技术经过长期的发展,目前已经能够测定几乎所有的无机阴离子、阳离子,大量的有机化合物也经常直接或间接地使用吸光光度法进行定性、定量分析。

最后,分光光度法操作简便,易于掌握,仪器价格适中,技术普及性好。紫外-可见分光光度法以其使用方便、准确、迅速等优点而成为在实际工作中应用最为普遍的分子光谱技术。在生产实践中，紫外-可见分光光度法广泛应用于农、林、牧、副、渔、医、药、环保、海洋、地矿、冶金、材料、物理、化工、钢铁等行业领域，成为工业实验室检测(监测)、质检(质控)必备的分析技术；在科学研究与科技开发领域，紫外-可见分光光度法是定性与定量分析、物性考察、机理研究、传感检测、结果效果评价等工作不可或缺的研究手段；在教育领域，紫外-可见分光光度法是教学尤其是实验教学最重要的实验手段和教学工具之一。

(二)分光光度法的基本原理

1. 吸收光谱的分类

光是一种电磁波，其按波长排列，可以得到表 2-1-1 所列的电磁波谱。

表 2-1-1　电磁波谱范围

光谱名称	波长范围	跃迁类型	分析方法
X 射线	10^{-1}～10 nm	K 和 L 层电子	X 射线光谱法
远紫外线	10～200 nm	中层电子	真空紫外光度法
近紫外线	200～400 nm	价电子	紫外光度法
可见线	400～750 nm	价电子	比色及可见光度法
近红外线	0.75～2.50 μm	分子振动	近红外光度法
中红外线	2.5～5.0 μm	分子振动	中红外光度法
远红外线	5.0～1000.0 μm	分子转动和低位振动	远红外光度法
微波	0.1～100.0 μm	分子转动	微波光谱法
无线电波	10～1000 nm		核磁共振光谱法

吸收光谱分为原子吸收光谱和分子吸收光谱。原子吸收光谱是由原子外层电子对某些波长的电磁波的选择性吸收引起的。相比而言，分子吸收光谱较为复杂。在分子的能级中，同一电子能级中包含多个振动能级，同一振动能级中又有多个转动能级。由电子能级间的跃迁所产生的光谱波长范围位于紫外或可见光区，这种由价电子跃迁而产生的分子光谱称为电子光谱。

电子能级发生变化的同时，伴随着分子振动能级的变化。因此，分子的电子光谱比原子的线状光谱复杂，所得到的分子吸收光谱由于谱线之间的波长间隔只有 0.25 nm，几乎是连续的，其形状呈现为带状，故分子光谱为带状光谱。

若用红外线激发分子，其能量只能引起分子振动能级和转动能级的跃迁，所得到的吸收光谱称为振动-转动光谱或红外吸收光谱。

2. 溶液颜色与光吸收的关系

物质所呈现的颜色与光有着直接的关系。所谓颜色，是人对不同波长的可见光的视觉效应。日常所见的白光，如阳光、日光灯所发出的光，都是混合光。混合光是由波长在 400～750 nm的电磁波按适当强度和比例混合而成的。这段波长范围的光是人的视觉系统可感知的，故称为可见光。波长小于 400 nm 的称为紫外光，大于 750 nm 的称为红外光，都是人们视觉不能感知的光。实际上，由于人们视觉系统对光的分辨力有限，因此人们看到的某种颜色的光是处于一定波长范围的光。

将两种颜色的光按合适的强度比例混合，可以形成白光，这两种色光就称为互补色。图 2-1-1 中处于直线关系的两色光为互补色，如绿色光和紫色光是互补色，黄色光和蓝色光是互补色。溶液呈现的颜色是与它主要吸收的光相互补的光的颜色，溶液吸收的光越多，呈现的颜色越深。

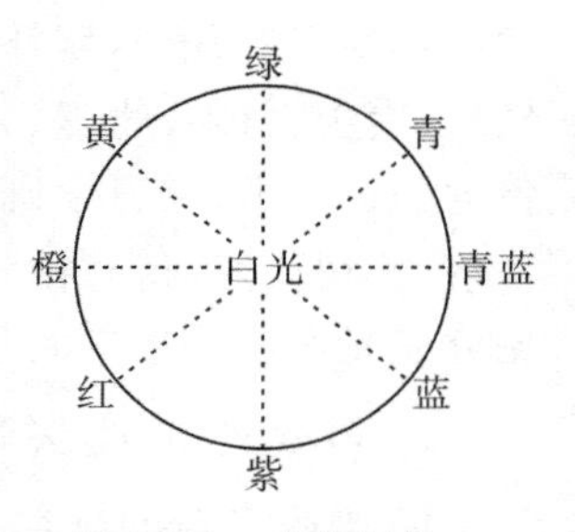

图 2-1-1　光的互补

一束白光通过某溶液时，如果该溶液对可见光区的光都没有吸收，也即入射光全部通过溶液，则该溶液呈无色透明。若可见光被该溶液完全吸收，则该溶液呈黑色。若溶液选择性地吸收可见光区某波段的光，则该溶液即呈现出与被吸收波段的光相互补的光的颜色。例如，一束白光通过 $KMnO_4$ 溶液，溶液选择性地吸收了绿色波长的光，而其他的色光因未被吸收仍互补成白光而通过，只剩下紫红色光，所以 $KMnO_4$ 溶液呈现紫色。

为精确地说明物质具有选择吸收不同波段光的特性，通常用光吸收曲线来描述。具体做法是：让不同波长的光依次通过有色溶液，测出该溶液对各种波长光的吸收程度（用吸光度 A 表示）。以波长为横坐标，吸光度为纵坐标，画出曲线，所得曲线就称为光的吸收曲线（即吸收光谱，图 2-1-2）。

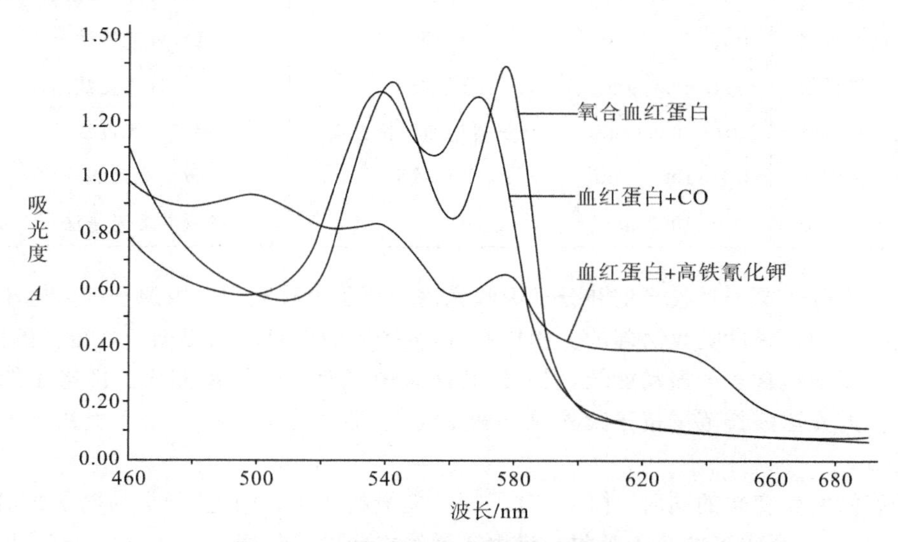

图 2-1-2　血红蛋白及其衍生物的吸收光谱

任何一种有色溶液，其光吸收曲线都可以被测出。光吸收程度最大处的波长称为最大吸收波长，以 λ_{max} 表示，如图 2-1-2 所示的氧合血红蛋白的吸收峰有两个，分别为 540 nm 和 578 nm，即 λ_{max}＝540 nm、578 nm。物质的浓度不同不改变其最大吸收波长，但浓度越大，光的吸收程度越大，其吸收峰就越高。

3. 光吸收定律

当一束波长为 λ 的平行光照射到一均匀有色溶液后，光可分成 3 部分：一部分被比色皿的表面反射，一部分被溶液吸收，一部分则透过溶液，如图 2-1-3 所示。

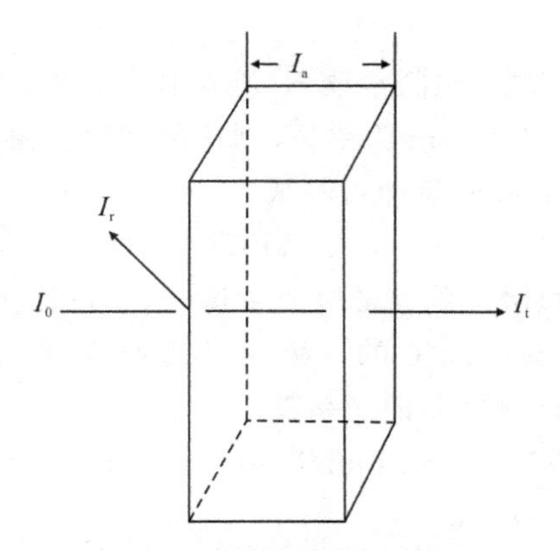

图 2-1-3　入射光与各成分光的关系

它们存在如下关系：

$$I_0 = I_a + I_r + I_t \qquad (2\text{-}1\text{-}3)$$

式中　I_0——入射光的强度；

I_a——被吸收光的强度；

I_r——反射光的强度；

I_t——透射光的强度。

在分光光度分析中，由于参比与样品溶液所用的比色皿的材质相同，比色池的反射光强度相同，反射所引起的误差可互相抵消，因此式(2-1-3)可简化为：

$$I_0 = I_a + I_t \qquad (2\text{-}1\text{-}4)$$

I_a越大说明溶液对光的吸收越强，即透射光 I_t越小，光减弱越多。透射光强度的改变与有色溶液的浓度 c 和液层厚度 b 有关。上述关系指出，溶液浓度愈大，液层愈厚，透过的光愈少，入射光的强度减弱愈显著。这就是光吸收定律的意义，可用数学表达式表示为：

$$\lg(I_0/I_t) = Kbc \qquad (2\text{-}1\text{-}5)$$

式中　$\lg(I_0/I_t)$——光线通过溶液被吸收的程度，称为吸光度，以 A 表示。

K——比例常数，与入射光的波长和物质性质有关，而与光的强度、溶液的浓度及液层厚度无关；

b——液层厚度；

c——溶液浓度。

按吸光度的定义，式(2-1-5)可写成：

$$A = Kbc \qquad (2\text{-}1\text{-}6)$$

光吸收定律也称为朗伯—比尔定律。朗伯定律指出光的吸收与吸收层厚度成正比，而比尔定律说明光的吸收与溶液浓度成正比。同时考虑吸收层的厚度和溶液的浓度对单色光吸收率的影响，则得到朗伯—比尔定律。朗伯—比尔定律构成了分光光度分析的理论基础。

透射光强度 I_t与入射光强度 I_0之比称为透射比，用 T 表示：

$$T = I_t/I_0 \qquad (2\text{-}1\text{-}7)$$

吸光度与透射比的关系为：

$$A = \lg(I_0/I_t) = \lg(1/\mathrm{T}) \qquad (2\text{-}1\text{-}8)$$

4. 摩尔吸收系数

在光吸收定律[式(2-1-5)]中，比例常数 K 与入射光波长、溶液的性质有关。如果浓度 C 用 mol/L 为单位，液层厚度 L 以 cm 为单位，则比例常数称为摩尔消光系数，以 ε 表示，单位为 $L \cdot mol^{-1} \cdot cm^{-1}$，那么光吸收定律可写成：

$$A=\varepsilon LC \tag{2-1-9}$$

摩尔消光系数是通过测量吸光物质的吸光度值，再经过计算求得的。

例 已知含 Fe^{3+} 浓度为 500 μg/L 的溶液，用 KCNS 显色，在波长 480 nm 处用 2 cm 吸收池测得吸光度 $A=0.197$，计算摩尔消光系数。

[解] $[Fe^{3+}]=500\times10^{-6}/55.84\ mol/L=8.95\times10^{-6}\ mol/L$

$A=\varepsilon LC \quad \varepsilon=A/(LC)$

则 $\varepsilon=0.197/(8.95\times10^{-6}\times2)=1.1\times10^{4}(L \cdot mol^{-1} \cdot cm^{-1})$

摩尔消光系数表示吸光物质对某一特定波长光的吸收能力。ε 愈大表示该物质对某波长光的吸收能力愈强，测定的灵敏度也就愈高。因此进行测定时，为了提高分析的灵敏度，应尽量选择摩尔消光系数大的显色体系进行测定，选择具有最大 ε 值的波长作为测定波长。

如果溶液浓度用 g/100 mL 表示，液层厚度仍以 cm 为单位，则光吸收定律式(2-1-5)中的比例常数称为比吸收系数，以 $E_{cm}^{\%}$ 表示。

比吸收系数的含义是：在入射光波长一定时，溶液浓度为 1%、液层厚度为 1 cm 时的吸光度。

5. 吸光度的加和性

对于多组分体系，在某一波长 λ，如果各种对光有吸收的物质之间没有相互作用，则体系在该波长的总吸光度等于各组分吸光度之和，即吸光度具有加和性，称为吸光度加和定律，可用数学表达式表示为：

$$\begin{aligned} A_{总} &= A_1+A_2+\cdots+A_n \\ &= \varepsilon_1 LC_1+\varepsilon_2 LC_2+\cdots+\varepsilon_n LC_n \end{aligned} \tag{2-1-10}$$

式中，下标表示组分 $1,2,\cdots,n$。

吸光物质的这一特性常用于多组分的测定。

6. 光吸收定律的适用范围

朗伯定律和比尔定律都具有一定的应用条件，因此，朗伯—比尔定律具有一定的适用范围，这是在实际工作中应注意的。

朗伯定律对于各种有色的均匀溶液都是适用的，但比尔定律只在一定浓度范围内适用，即吸光度 A 和浓度的线性关系只在一定范围内成立。在分光光度分析中，常利用这种线性关系测定物质的含量。具体做法是：配制一系列不同浓度的标准溶液，在一定条件下显色，使用同样厚度的比色池，测定各标准溶液的吸光度。然后以浓度为横坐标、吸光度为纵坐标作图，得一条直线，称为工作曲线。在同样条件下测出待测样品溶液的吸光度，就可从工作曲线上查出试样的浓度。

实际工作中，有时会出现标准曲线不成直线的情况，特别是当吸光物质的浓度较高时，标准曲线在高浓度区域出现向下或向上偏离的情况(图 2-1-4)，这种情况称为偏离朗伯—比尔定律现象。一般情况下，如果偏离朗伯—比尔定律的程度不严重，则仍可用于光度分析；偏离严重则不能，否则将会引起较大的误差。偏离朗伯—比尔定律的原因有以下 3 点：

(1)入射光为非单色光。理论上,朗伯—比尔定律只适用于单色光。但实际上各类分光光度计的光源都是连续光源,入射光是某一波段的复合光。由于物质对不同波长光的吸收程度的不同,导致偏离朗伯—比尔定律现象的发生。实际工作中,通常选择物质的最大吸收波长的光为入射光,这样不仅可以获得较高的测定灵敏度,而且由于吸收峰处的曲线较平坦,偏离朗伯—比尔定律的程度较小。

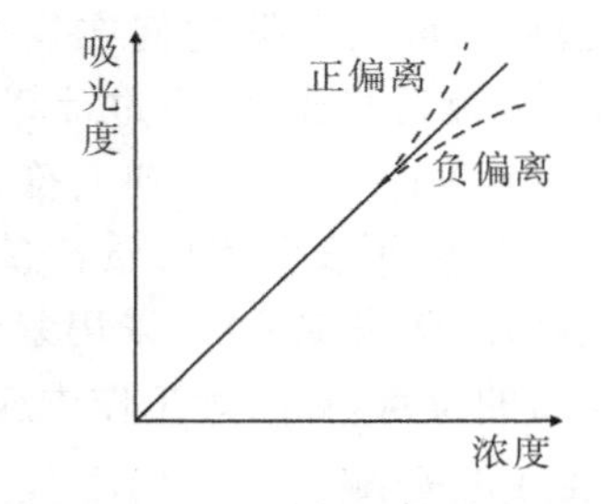

图 2-1-4　偏离朗伯—比尔定律现象

(2)溶液中的化学反应。溶液中的吸光物质常因离解、缔合、形成新的化合物或互变异构体等化学变化而导致浓度改变,从而偏离朗伯—比尔定律。因此,工作中必须严格控制显色反应条件,防止对朗伯—比尔定律的偏离。

(3)比尔定律的局限性引起偏离。严格地说,比尔定律是一个有限定律,只适用于浓度小于 0.01 mol/L 的稀溶液。因为在高浓度,吸光粒子间的平均距离减小,粒子间电荷分布相互作用发生的影响增强,引起摩尔吸收系数改变,导致偏离比尔定律。所以,待测溶液的浓度应控制在 0.01 mol/L 以下。

三、紫外-可见分光光度法的应用

(一)定性分析

采用紫外-可见吸收光谱进行定性分析通常是鉴别一种完全未知或部分已知的化合物,或是确定试样中某一化合物是否存在。进行定性分析,首先要获得合适的吸收光谱。将所测定的未知化合物的吸收光谱参数与已知化合物进行比较,从而判断未知化合物的基本性质。无色的无机或有机化合物其水溶液不可能在可见光谱区产生吸收,但有可能在紫外区产生吸收,因此在 200～400 nm 波长区间进行扫描就有可能获得一个或一个以上的吸收谱带。而有色的无机或有机化合物可以在紫外至可见光区产生吸收,故应在 200～750 nm 区间进行扫描。在进行化合物的定性分析时,应重视以下几点。

1. 测试溶剂

选择的测试溶剂应对标准物和待测物具有良好的溶解度,且在测定波长内无光吸收、稳定性好。

2. 测试条件

标准物和待测物的测试条件应完全相同,如溶剂、酸度、离子强度、温度、所用的仪器型号等。

3. 条件更改

为防止测试数据出现假象,需要对某些实验参数进行适当变换,改变其中的某些测定条件,如溶剂、pH、离子强度、温度、所用的仪器等,然后对比标准物和待测物的吸收光谱是否仍然完全相同。

(二)纯度鉴定

纯物质在一定实验条件、一定波长范围内,其吸收光谱是确定的。依据其最大吸收峰(λ_{max})的位置或吸收峰的形状和数目,可以判断该物质的纯度。对于某些生物大分子(如核酸、蛋白质),可以根据它们在紫外光区的特征吸收峰(即 λ_{max},核酸在 260 nm,蛋白质在 280 nm)处测得吸光值,通过计算二者吸光度的比值以判断纯度。高纯度蛋白质吸光度的比值为 $A_{280}/A_{260}=1.8$。纯度符合要求的 DNA 吸光度的比值为 $A_{260}/A_{280}=1.8\sim2.0$,如比值小于 1.8,则表明蛋白质含量过高,应脱除蛋白;如比值大于 2.0,则表明样品中 RNA 含量过高,应除去 RNA。采用紫外吸收光谱测定核酸、蛋白质样品的纯度具有操作简便、不破坏样品的特点,在实际工作中应用广泛。

(三)定量测定

分光光度法用于生物大分子的定量测定,大多数情况下是采用在可见光谱区进行分析。根据前述的光互补原理,有色物质溶液呈现颜色是因为该溶液吸收了互补光的缘故。在一定浓度范围内,溶液中有色物质的含量与溶液颜色的深浅成正比。因此可以通过观测溶液颜色的变化来确定该溶液中有色物质的含量,这种分析方法称为比色分析法。

根据朗伯—比尔定律,在一定的浓度范围内,待测溶液的吸光度与待测物质的浓度成正比。因此,只要测出待测溶液和标准溶液的吸光度,对二者进行比较,便可计算待测溶液的浓度,进而推算出溶液中待测物质的含量。

在生物大分子的定量分析中,分光光度法是常用的方法,测定的溶液按颜色可分两大类:一类为有色溶液,由生物大分子与化学试剂反应生成的有色产物。另一类是无色溶液,由于生物大分子的分子结构中含有发色团,如蛋白质分子中含有芳香族氨基酸(色氨酸、酪氨酸和苯丙氨酸),在 280 nm 处产生最大吸收;而核酸分子中含有碱基,在 260 nm 处出现最大吸收峰,这样,利用它们的最大吸收峰(λ_{max})就可以进行分光光度测定。

有色溶液种类很多,概括起来主要有以下 3 类。

1. 本色溶液

在本色溶液中,待测组分具有发色团或显色离子,它们溶解后会自动产生颜色,配制成相应浓度的溶液就可进行直接比色测定,如血红蛋白、铜蓝蛋白、铁蛋白等。

2. 显色溶液

在显色溶液中,待测组分没有发色团,需要与某些化学试剂(显色剂)反应产生颜色产物,如双缩脲、福林酚、茚三酮等可与蛋白质、氨基酸分子中的某些基团反应产生稳定的颜色。

3. 染色溶液

与显色溶液的情形相似,染色溶液的待检测分子没有显色基团,通过与某些染料(染色剂)的非共价结合而显色,如考马斯亮蓝 G-250、考马斯亮蓝 R-250、氨基黑 10B 等。

分光光度法常用的定量方法包括标准管法、校准曲线法、消光系数法和 *F* 因子测定法。

1. 标准管法

最简单的定量测定法是标准管法:配制待测定物质的标准溶液,在相同条件下分别测定标准溶液和样品溶液的吸光度,然后根据下式计算待测样品的浓度。

$$C_X/A_X=C_S/A_S \tag{2-1-11}$$

式中 C_S——标准溶液的浓度;

A_S——标准溶液的吸光度;

A_X——样品溶液的吸光度;

C_X——待测样品的浓度。

需要注意的是,标准管法由于是单点测定,其准确度不如标准曲线法。同时不适于浓度范围相差太大的样品。

2. 标准曲线法

校准曲线法是分光光度法最常用的定量方法。校准曲线是指待测物质浓度与吸收光度之间的定量关系曲线，包括工作曲线和标准曲线。

工作曲线是指绘制标准曲线的溶液须执行与样品完全相同的分析步骤。标准曲线的要求相对简单，标准溶液的分析步骤可以有所省略，如不经过前处理等步骤。至于何种情形下使用标准曲线或工作曲线，则须经实验确定。如果省略某些前处理步骤后，所绘制的标准曲线与工作曲线经数理统计检验无显著性差异，则可用标准曲线代替工作曲线，否则应使用工作曲线。在实验教学中，由于所涉及的测定体系通常较为简单，故常用标准曲线法。在实际工作中，通常是一个数量级配制 5 个标准溶液，测定系列标准溶液的吸光度，制作浓度-吸光度标准或工作曲线(图 2-1-5)，然后测定样品的吸光度，通过标准或工作曲线求得样品的浓度。

先配制一系列浓度由小到大的标准溶液，分别测定它们的吸光度(A)值，以 A 值为纵坐标、浓度为横坐标作标准曲线。在测定待测溶液时，操作条件应与制作标准曲线时相同，以待测液的 A 值从标准曲线上查出该样品的相应浓度。绘制标准曲线时，也可使用 Microsoft Excel 等软件进行直线拟合，得到标准曲线的公式，然后直接由公式求得待测样品的浓度。

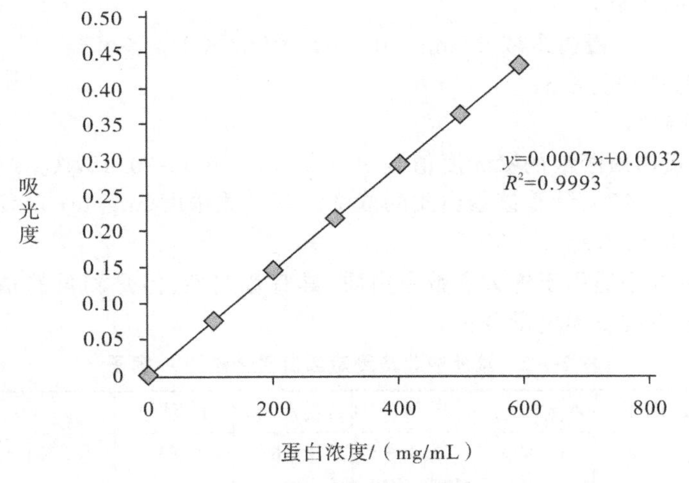

图 2-1-5 标准曲线示意图

3. 消光系数法

当某物质溶液的浓度为 1 mol/L、厚度为 1 cm 时，溶液对某波长的吸光度称为该物质的摩尔吸光系数，以 ε 表示。ε 值可通过实验测得，也可从手册中查出。根据比尔定律，已知某物质的 ε 值，只要测出其 A 值再根据 $C=A/\varepsilon$，便可求得样品的浓度。

例如，上面已经提到，蛋白质分子中含有芳香族氨基酸，因而在 280 nm 处产生特定的吸收光。不同种类的蛋白质，其所含芳香族氨基酸数量不同，在 280 nm 处的吸收强弱也就有差异。因此，每一种蛋白质在 280 nm 处都有各自特定的消光系数。如果某蛋白质的消光系数已知，只要在 280 nm 处测出该蛋白质的吸光度就可计算出其含量。将待测蛋白质溶液稀释成一定浓度，并使该溶液的浓度在 280 nm 处的吸光度(A_{280})处于 0.1～1.0 内为最佳。利用在 280 nm 处测定的吸光度与该种蛋白质的消光系数进行计算，即可求出相应的浓度，可用下式表示：

$$蛋白质浓度(mg/mL)=测得吸光度\times N/消光系数\times 100/1000 \quad (2\text{-}1\text{-}12)$$

例如，胰蛋白酶的消光系数是 13.5，稀释 100 倍，测得 A_{280} 是 0.27，通过式(2-1-12)计算其浓度：

$$蛋白质浓度(mg/mL)=0.27\times 100/13.5\times 100/1000=20(mg/mL)$$

应该指出的是，以上这种测定方法只针对某些已知消光系数的蛋白质而言。由于每种蛋白质只有一个特定的消光系数，因而只能用于测定一种相应的蛋白质，不具有普适性。待测蛋白质含量测定的准确性随蛋白质标准物纯度的提高而提高。

影响因素：在异种蛋白质存在的混合溶液中，或在 280 nm 处有吸收的干扰物质，对测定均有影响，这是实际工作中必须加以考虑的，应采用分离手段予以消除。

4. F 因子测定法

由于蛋白质分子中的色氨酸、酪氨酸和苯丙氨酸残基的苯环或杂环中含有共轭双键，因此蛋白质具有吸收紫外光的性质，最大吸收峰的波长在 280 nm 处，而在波长 260 nm 处吸收较弱，在此波长范围内吸光度值的强弱与浓度成正比。通过测定蛋白质溶液在 280 nm 和 260 nm 处的吸光度，求出 A_{280}/A_{260} 的比值，从表 2-1-2 中查出 F 因子，即可按公式(2-1-13)计算出蛋白质的含量：

$$蛋白质浓度(mg/mL)=F\times l/d\times A_{280}\times N \quad (2\text{-}1\text{-}13)$$

式中　d——光程，单位为 cm；

　　　N——稀释倍数。

例如，测得某蛋白质溶液的吸光度值是 $A_{280}=0.58$，$A_{260}=0.45$，A_{280}/A_{260} 值是 1.3，从表中查得 F 因子是 0.970，计算该蛋白质的浓度。蛋白质浓度(mg/mL)$=F\times l/d\times A_{280}\times N=0.970\times 1/1\times 0.58\times 1=0.565$。

这种定量测定方法适用于绝大多数蛋白质，具有普遍性；但是测量的精度较差，一般适用于溶液中的总蛋白质或半定量分析。

表 2-1-2　紫外吸收法测定蛋白质含量的 F 因子

A_{280}/A_{260}	F 因子	A_{280}/A_{260}	F 因子	A_{280}/A_{260}	F 因子	A_{280}/A_{260}	F 因子
1.75	1.116	0.846	0.656	1.16	0.889	0.671	0.422
1.63	1.081	0.822	0.632	1.09	0.852	0.644	0.377
1.52	1.054	0.804	0.607	1.03	0.814	0.615	0.322
1.40	0.023	0.784	0.585	0.979	0.776	0.595	0.278
1.36	0.994	0.767	0.565	0.939	0.743		
1.30	0.970	0.752	0.545	0.874	0.682		
1.25	0.944	0.730	0.508	0.705	0.478		

四、紫外-可见吸收光谱分析的条件和影响因素

(一)光谱分析的条件

要使分析方法有较高的灵敏度和准确度，选择最佳的测定条件是十分重要的。它包括

仪器测量、试样反应、参比溶液等条件。

1. 化学反应条件

在定量分析中，有许多物质的定量分析是通过化学反应生成颜色后再进行比色测定的。显色反应是测定过程中的一个重要环节，选择反应的条件一般要注意下列问题：

(1)显色反应生成的有色溶液有利于与单色光形成互补色，并且在所测定波长处有较大的光吸收峰。

(2)显色反应生成的有色溶液理化性质稳定，显色条件易控制，重复性好，对照性好，反应物和生成物的最大吸收波长之差在 60 nm 以上。

2. 参比溶液的选择

根据试样溶液的性质不同可选择不同的参比溶液。

(1)试剂参比。当试样溶液的组分比较简单，与其他组分共存对所测定波长无任何吸收时，可选用溶剂为参比。

(2)试样参比。显色剂与其他试剂在所测定波长有吸收，可按显色反应得到的条件，选用不加试样的溶液为参比或不加显色剂的溶液为参比。

(3)平行操作溶液参比。用不含被测组分的试样，在同样条件下与被测试样同样处理后作为参比溶液。

(二)影响因素

(1)温度的影响：在室温范围内，由于温度变化不太大，对分子的光吸收值影响不大；但是在低温时，邻近分子间的能量交换减少，而使光吸收强度比室温高 10%左右，有些化合物可增至 50%以上。

(2)pH 值的影响：许多化合物(如氨基酸、蛋白质、核酸等)具有酸性或碱性可解离基团，在不同 pH 值的溶液中，有不同的解离度，其吸光值亦有所不同。同一物质在不同的 pH 值的溶液中，其最大吸收峰的波长位置和光吸收强度均有所区别，如 ATP 在 pH 2.0 和 pH 7.0 的溶液中吸收光谱就有差异。

(3)溶液浓度的影响：待测溶液的浓度过高或过低，会使溶液中的某些分子发生变化，引起解离、聚合或沉淀等反应，从而影响测定的精度。

(4)仪器狭缝宽度影响：分光光度计单色器分出来的单色光是通过狭缝截获的，如果狭缝的质量不好或者开得太大，所截获的单色光波长的单一性差，杂波就会与测定波长一起进入待测样品，而干扰测定，引起测定误差。

(5)背景吸收的影响：待测样品中存在着一些杂质，在待测样品所测定的波长处有较大的光吸收，造成背景吸收，使待测物质的吸光值增加或引起待测物质的吸收光谱相重叠。

(6)比色皿的影响：拿取比色皿时，只能用手指接触两侧的毛玻璃，避免接触光学面。同时注意轻拿轻放。比色皿里面被污染后，应先后用无水乙醇和蒸馏水清洗，晾干。使用时可用滤纸轻轻吸附光学面外面的残液。否则，这些均会影响实验结果的准确性。

(李东辉)

第二节　离心技术

一、离心技术的基本原理

离心技术是利用物体高速旋转时产生强大的离心力，使置于旋转体中的悬浮颗粒发生沉降或漂浮，从而使某些颗粒达到浓缩或与其他颗粒分离的目的。离心机转子高速旋转时，当悬浮颗粒密度大于周围介质密度时，则颗粒离开轴心方向移动，发生沉降；如果悬浮颗粒密度低于周围介质密度时，则颗粒朝向轴心方向移动，发生漂浮。

离心技术是蛋白质、酶、核酸及细胞亚组分分离的最常用的方法之一，也是生化实验室中常用的分离、纯化或澄清的方法。尤其要指出的是，超速冷冻离心已经成为研究生物大分子实验室中的常用技术方法。

常用的离心机有多种类型，一般低速离心机的最高转速不超过 6000 rpm，高速离心机在 25000 rpm 以下，超速离心机的最高转速达 30000 rpm 以上。

（一）离心力（F）

$$F = ma = m\omega^2 r^2$$

式中　a——粒子旋转的加速度；

m——粒子的有效质量，单位为 g；

ω——粒子旋转的角速度，单位为 rad/s；

r——粒子的旋转半径，单位为 cm。

（二）相对离心力（relative centrifugal force，RCF）

离心力常用地球的引力的倍数来表示，因而称为相对离心力（RCF），或者用数字×g 来表示，如 13 000×g，则表示相对离心力为 13 000。相对离心力指在离心场中，作用于颗粒的离心力相当于地球重力的倍数（重力加速度 g 为 980 cm/s^2）。

$$RCF = ma/mg = m\omega^2 r^2/mg = \omega^2 r^2/g$$

$$\omega = 2\pi \times rpm/60$$

$$RCF = 1.119 \times 10^{-5} \times (rpm)^2 r^2 \qquad (2\text{-}2\text{-}1)$$

式中　rpm——revolutions per minute，为每分钟转数。

由上式可知，只要给出旋转半径 r，则 RCF 和 rpm 之间可以相互换算。

由于转头的形状及结构的差异，每台离心机的离心管从管口至管底的各点与旋转轴之间的距离是不一样的，因此在计算时规定旋转半径均用平均半径 r_{av} 代替：

$$r_{av} = (r_{min} + r_{max})/2 \qquad (2\text{-}2\text{-}2)$$

低速离心时常以转速 rpm 来表示，高速离心时则以 g 表示。报告离心条件时使用 RCF 比 rpm 要科学，因为它可以真实地反映颗粒在离心管内不同位置的离心力及其动态变化。

二、离心机的类型

离心机的基本类型有制备性离心机、分析性离心机和超速离心机。制备性离心机用于分离各种生物材料，分离的样品量比较大；分析性离心机用于研究纯的生物大分子和颗粒的理化性质；一般有光学系统，可监测粒子在离心场中的行为，能推断物质的纯度、形状、分子量等，都是超速离心机。实验室中常见的离心机有以下几类。

（一）普通离心机

普通离心机的最大转速在6000 rpm左右，最大RCF接近6000 g，容量为几十毫升至几升，分离形式是固液沉降分离，转速不能严格控制，通常不带冷冻系统，室温操作，用于收集易沉淀的大颗粒物质，如细胞等。

（二）高速冷冻离心机

高速冷冻离心机的转速为2000～25000 rpm，最大RCF为8900×g，最大容量可达3 L，一般都有制冷系统，以消除高速旋转转头与空气之间摩擦而产生的热量，离心室的温度可以调节和维持在0～4 ℃，可以严格准确地控制转速温度和时间，并有指针或数字显示，通常用于微生物菌体、细胞碎片、大细胞器、硫酸铵沉淀、免疫沉淀物等的分离纯化工作，但不能有效地沉降病毒、小细胞器或单个分子。

（三）超速离心机

超速离心机的转速可达50000～80000 rpm，RCF最高可达510000×g，离心容量由几十毫升至2 L，分离形式为差速沉降分离和密度梯度区带分离，需严格配平（误差<0.1 g），可分离亚细胞器、病毒、核酸、蛋白质、多糖等。

三、分离方法

（一）差速沉降离心法

差速沉降离心法为最普通的离心法，采用逐渐增加离心速度或低速、高速交替进行离心，使不同的离心速度及不同离心时间下分批分离的方法。此法一般用于分离沉降系数相差较大的颗粒。

差速离心首先要选择好颗粒沉降所需的离心力和离心时间。当以一定的离心力在一定的离心时间内进行离心时，在离心管底部就会得到最大和最重颗粒的沉淀，分出的上清液在加大转速下再进行离心，又得到第二部分较大较重颗粒的沉淀及含较小和较轻颗粒的上清液，如此多次离心处理，即能把液体中的不同颗粒较好地分离开。此法所得的沉淀是不均一的，仍杂有其他成分，需经过2～3次的再悬浮和再离心，才能得到较纯的颗粒。

此法主要用于组织匀浆液中分离细胞器和病毒。

优点是：操作简易，离心后用倾倒法即可将上清液与沉淀分开，并可使用容量较大的角式转子。

缺点是：须多次离心，沉淀中有夹带，分离效果差，不能一次得到纯颗粒，沉淀于管底的颗粒受挤压，容易变性失活。

（二）密度梯度区带离心法

区带离心法是将样品加在惰性梯度介质中进行离心沉降或沉降平衡，在一定的离心力作用下把颗粒分配到梯度中某些特定位置上，形成不同区带的分离方法。

优点是：①分离效果好，可一次获得较纯颗粒；②适应范围广，能像差速离心法一样分离具有沉降系数差的颗粒，又能分离有一定浮力密度差的颗粒；③颗粒不会挤压变形，能保持颗粒活性，并防止已形成的区带由于对流而引起混合。

缺点是：①离心时间较长；②需要制备惰性梯度介质溶液；③操作严格，不易掌握。

密度梯度区带离心法又可分为两种：

1. 差速区带离心法

当不同的颗粒间存在沉降速度差时（不需要像差速沉降离心法所要求的那样大的沉降系数差），在一定的离心力作用下，颗粒各自以一定的速度沉降，在密度梯度介质的不同区域上形成区带的方法称为差速区带离心法。此法仅用于分离有一定沉降系数差的颗粒（20%的沉降系数差或更少）或分子量相差 3 倍的蛋白质，与颗粒的密度无关。大小相同，密度不同的颗粒（如线粒体，溶酶体等）不能用此法分离。

离心管先装好密度梯度介质溶液，样品液加在梯度介质的液面上，离心时，由于离心力的作用，颗粒离开原样品层，按不同的沉降速度向管底沉降，离心一定时间后，沉降的颗粒逐渐分开，最后形成一系列界面清楚的不连续区带。沉降系数越大，往下沉降越快，所呈现的区带也越低。离心必须在沉降最快的大颗粒到达管底前结束，样品颗粒的密度要大于梯度介质的密度。梯度介质通常用蔗糖溶液，其最大密度和浓度分别可达 1.28 kg/cm^3和 60%。

此离心法的关键是选择合适的离心转速和时间。

2. 等密度区带离心法

离心管中预先放置好梯度介质，样品加在梯度液面上，或样品预先与梯度介质溶液混合后装入离心管，通过离心形成梯度，这就是预形成梯度和离心形成梯度的等密度区带离心产生梯度的两种方式。

离心时，样品的不同颗粒向上浮起，一直移动到与它们的密度相等的等密度点的特定梯度位置上，形成几条不同的区带，这就是等密度区带离心法。体系到达平衡状态后，再延长离心时间和提高转速已无意义。处于等密度点上的样品颗粒的区带形状和位置均不再受离心时间所影响，提高转速可以缩短达到平衡的时间。离心所需时间以最小颗粒到达等密度点（即平衡点）的时间为基准，有时长达数日。

等密度区带离心法的分离效率取决于样品颗粒的浮力密度差，密度差越大，分离效果越好，与颗粒大小和形状无关，但大小和形状决定着达到平衡的速度、时间和区带宽度。

等密度区带离心法所用的梯度介质通常为氯化铯（CsCl），其密度可达 1.7 g/cm^3。此法可分离核酸、亚细胞器等，也可分离复合蛋白质，但简单蛋白质不适用。

收集区带的方法有许多种，如①用注射器和滴管由离心管上部吸出。②用针刺穿离心管底部滴出。③用针刺穿离心管区带部分的管壁，把样品区带抽出。④用一根细管插入离心管底，泵入超过梯度介质最大密度的取代液，将样品和梯度介质压出，用自动部分收集器收集。

四、离心机操作注意事项

（1）装载溶液的量：不得装过多液体，以防离心时甩出，造成转头不平衡、生锈或被腐蚀。制备性超速离心机的离心管，要求必须将液体装满，以免塑料离心管的上部凹陷变形。

（2）配平，交叉对称放置。

（3）低温离心的时候，机器预先开启预冷。

（4）严格按照转头的最高允许转速和使用累计期限等要求操作。

（5）若转头有盖子，则一定盖上，且离心过程不得随意离开，应随时观察。

(6)离心机盖子盖上后才能打开启动离心按钮；

(7)离心结束后要待离心机转速为零时才可打开盖子，取出离心物。

(8)离心结束应及时擦拭水珠，晾干后合上盖子。

（宋刚）

第三节　层析技术

一、层析技术发展史

层析技术又称色层分析技术或色谱分析技术(chromatography),它于1903—1906年由俄国植物学家M.Tswett首先系统性地提出。他将叶绿素的石油醚溶液通过$CaCO_3$管柱使之自由流下,并继续以石油醚淋洗。由于$CaCO_3$对叶绿素中各种色素的吸附能力不同,色带随石油醚向下移动,色素被逐渐分离,形成许多不同的色带,各色带以无色的区带间隔,从而在管柱中出现了不同颜色的谱带或称色谱图(chromatogram),因此称为色层分析法。随后他又研究了百余种吸附剂,奠定了吸附层析(adsorption chromatography)的基础。当时这种方法并没引起人们的足够注意,直到1931年该方法被应用到分离复杂的有机混合物,人们才发现了它的广泛用途。

随着科学技术的发展以及生产实践的需要,层析技术也得到了迅速的发展。为此做出重要贡献的当推英国生物学家Martin和Synge。1941年,他们首先提出了分配色谱的概念,即色谱塔板理论。这是在色谱柱操作参数基础上模拟蒸馏理论,以理论塔板来表示分离效率,定量地描述、评价层析分离过程。其次,他们根据液-液逆流萃取的原理,发明了液-液分配色谱。特别是,他们提出了远见卓识的预言:①流动相可用气体代替液体,与液体相比,物质间的作用力减小了,这对分离更有好处;②使用非常细的颗粒填料并在柱两端施加较大的压差,应能得到最小的理论塔板高(即增加了理论塔板数),这将会大大提高分离效率。前者预见了气相色谱的产生,并在1952年诞生了气相色谱仪,它给挥发性的化合物的分离测定带来了划时代的变革;后者预见了高效液相色谱(high performance liquid chromatography,HPLC)的产生,在20世纪60年代末也为人们所实现,现在HPLC已成为生物化学、化学等领域不可缺少的分析分离工具之一。因此,Martin和Synge于1952年被授予诺贝尔化学奖。如今的色层分析法经常用于分离无色的物质,已没有颜色这个特殊的含义;但色谱法或色层分析法这个名字仍被保留下来,现在简称层析法或层析技术。

层析法的最大特点是分离效率高,它能分离各种性质极相似的物质。同时,它既可以用于少量物质的分析鉴定,又可用于大量物质的分离纯化制备。因此,作为一种重要的分析分离手段与方法,它广泛地应用于科学研究与工业生产上。现在,它的应用涉及多个领域,如石油、化工、医药卫生、生物科学、环境科学、农业科学等。

二、层析技术的基本概念及基本原理

层析法是一种基于被分离物质的物理、化学及生物学特性的不同,利用它们在某种基质中移动速度不同而进行分离和分析的方法。层析系统包括固定相(stationary phase)和流动相(mobile phase),二者互不相溶。层析技术就是利用待分离的物质在溶解度、吸附能力、立体化学特性及分子的大小、带电情况及离子交换、亲和力的大小及特异的生物学反应等方面的差异,使其在流动相与固定相之间的分配系数(或称分配常数)不同,达到彼此分离的目的(图2-3-1)。

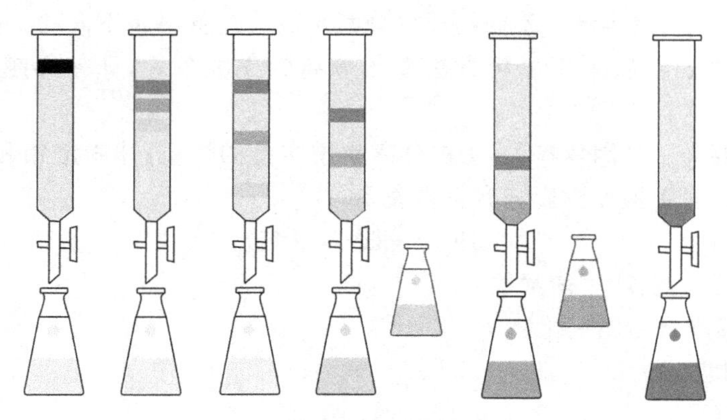

图 2-3-1　层析技术示意图

（一）固定相

固定相是层析系统的基质，它可以是固体物质（如吸附剂、凝胶、离子交换剂等），也可以是液体物质（如固定在硅胶或纤维素上的溶液），这些基质能与待分离的化合物进行可逆的吸附、溶解、交换等作用。它对层析的效果起着关键的作用。

（二）流动相

在层析过程中，推动固定相上待分离的物质朝着一个方向移动的液体、气体或超临界体等，都称为流动相。柱层析中，流动相一般称为洗脱剂，薄层层析中，称为展层剂。它也是层析分离中的重要影响因素之一。

（三）分离的原理

当流动相流过加有样品的固定相时，由于样品中各组分的理化性质以及生物学性质（如吸附力、分子形状和大小、分子极性、带电荷情况、溶解度、分子亲和力、分配系数等）的差别，受固定相的阻力与流动相的推力影响不同，各组分在固定相与流动相之间的分配也不同，从而使各组分以不同的速度移动而达到分离的目的。物质分配可以在互不相溶的两种溶剂（即液相-液相系统）中进行，也可以在固相-液相或气相-液相系统中发生。层析系统中的固定相可以是固相、液相或固液混合相（半液相）；流动相可以是液相或气相，它充满于固定相的空隙中，并能流过固定相。

（四）分配系数及迁移率

分配系数是指在一定条件下，某种组分在固定相和流动相中含量（浓度）的比值，常用 K 来表示。分配系数是层析中分离纯化物质的主要依据。

$$K=C_s/C_m \tag{2-3-1}$$

式中　C_s——固定相中的浓度；

C_m——流动相中的浓度。

迁移率（或比移值）是指在一定条件下，相同的时间内某一组分在固定相中移动的距离与流动相本身移动的距离的比值，常用 R_f 来表示。

实验中还常用相对迁移率的概念。相对迁移率是指在一定条件下，相同时间内某一组分在固定相中移动的距离与某一标准物质在固定相中移动的距离的比值。它可以小于等于

1,也可以大于1,用R_x来表示。不同物质的分配系数或迁移率是不同的。分配系数或迁移率的差异程度是决定物质采用层析方法能否分离的先决条件,即差异越大,分离效果越理想。

分配系数主要与下列因素有关:①被分离物质本身的性质;②固定相和流动相的性质;③层析柱的温度。对于温度的影响有下列关系式:

$$\ln K=-(\Delta G_0/RT) \tag{2-3-2}$$

式中 K——分配系数(或平衡常数);

ΔG_0——标准自由能变化;

R——气体常数;

T——绝对温度。

这是层析分离的热力学基础。一般情况下,层析时组分的ΔG_0为负值,则温度与分配系数成反比关系。通常温度上升20 ℃,K值下降一半,它将促使组分移动速率增加。这也是为什么在层析时最好采用恒温柱的原因。有时对于K值相近的不同物质,可通过改变温度的方法,增大K值之间的差异,达到分离的目的。

(五)分辨率

分辨率一般定义为相邻两个峰的分开程度,用R_s来表示。R_s值越大,两种组分分离得越好。当$R_s=1$时,两组分具有较好的分离效果,互相沾染约2%,即每种组分的纯度约为98%。当$R_s=1.5$时,两组分基本完全分开,每种组分的纯度可达到99.8%。

层析柱的内径和柱内的填料是均匀的,而且层析柱由若干层组成,每层高度为H,称为一个理论塔板。塔板一部分为固定相占据,一部分为流动相占据,且各塔板的流动相体积相等,称为板体积,以V_m表示。

为了提高分辨率R_s的值,可采用以下方法:

(1)使理论塔板数N增大,则R_s上升。

①增加柱长,N可增大,可提高分离度,但它造成分离的时间加长,洗脱液体积增大,并使洗脱峰加宽,因此不是一种特别好的办法。

②减小理论塔板的高度,如减小固定相颗粒的尺寸,并加大流动相的压力。HPLC就是这一理论的实际应用。一般液相层析的固定相颗粒为100 μm,而HPLC柱子的固定相颗粒为10 μm以下,且压力可达150 kg/cm^2。它使R_s大大提高,也使分离的效率大大提高。

③采用适当的流速,也可使理论塔板的高度降低,增大理论塔板数。太高或太低的流速都是不可取的。对于一个层析柱,它有一个最佳的流速。特别是对于气相色谱,流速影响相当大。

(2)改变容量因子D(固定相与流动相中溶质量的分布比)。一般是加大D,但D的数值通常不超过10,再大对提高R_s不明显,反而使洗脱的时间延长,谱带加宽。可以通过改变柱温(一般降低温度),改变流动相的性质及组成(如改变pH值、离子强度、盐浓度、有机溶剂比例等),或改变固定相体积与流动相体积之比(如用细颗粒固定相,填充得紧密与均匀些),提高D值,使分离度增大。

总之,影响分离度或者说分离效率的因素是多方面的,应当根据实际情况综合考虑。特别是对于生物大分子,我们还必须考虑它的稳定性、活性等问题,如pH值、温度等都会对分离产生较大的影响，这是生化分离绝不能忽视的，否则不能得到预期的效果。

（六）操作容量（或交换容量）

在一定条件下，某种组分与基质（固定相）反应达到平衡时，存在于基质上的饱和容量，称为操作容量（或交换容量）。它的单位是毫摩尔（或毫克）/克（基质）或毫摩尔（或毫克）/毫升（基质），数值越大，表明基质对该物质的亲和力越强。应当注意，同一种基质对不同种类分子的操作容量是不相同的，这主要是由分子大小（空间效应）、带电荷的多少、溶剂的性质等多种因素的影响。因此，实际操作时，加入的样品量要尽量少些，特别是生物大分子，样品的加入量更要进行控制，否则用层析办法不能达到有效分离。

三、层析技术的分类

层析技术根据不同的标准可以分为多种类型的层析。

（一）根据固定相基质分类

根据固定相基质的形式，层析可以分为纸层析、薄层层析和柱层析。层析法的固定相可以是固体，也可以是液体，但是这个液体必须附载在固体物质上，这一固体支持物质称为载体或担体（support）。

（1）纸层析：是指以滤纸作为基质的层析。

（2）薄层层析：是将基质在玻璃、金属或塑料等光滑表面铺成一薄层，在薄层上进行的层析。

（3）柱层析：是指将基质填装在管中形成柱形，在柱中进行的层析。

纸层析和薄层层析主要适用于小分子物质的快速检测分析和少量分离制备，通常为一次性使用；而柱层析是常用的层析形式，适用于样品分析、分离。生物化学中常用的凝胶层析、离子交换层析、亲和层析、高效液相色谱等都通常采用柱层析形式。

（二）根据流动相的形式分类

根据流动相的形式分类，层析可以分为液相层析和气相层析。

（1）液相层析：是指流动相为液体的层析。液相层析是生物领域最常用的层析形式，适用于生物样品的分析、分离。

（2）气相层析：是指流动相为气体的层析。气相层析测定样品时需要气化，大大限制了其在生化领域的应用，主要用于氨基酸、核酸、糖类、脂肪酸等小分子的分析鉴定。

（三）根据分离的原理不同分类

根据分离的原理不同分类，层析可以分为吸附层析、分配层析、凝胶过滤层析、离子交换层析、亲和层析等。

（1）吸附层析：以吸附剂为固定相，根据待分离物与吸附剂之间吸附力不同而达到分离目的的一种层析技术。

（2）分配层析：是根据在一个有两相同时存在的溶剂系统中，不同物质的分配系数不同而达到分离目的的一种层析技术。

（3）凝胶过滤层析：是以具有网状结构的凝胶颗粒作为固定相，根据物质的分子大小进行分离的一种层析技术。

（4）离子交换层析：是以离子交换剂为固定相，根据物质的带电性质不同而进行分离的一种层析技术。

(5)亲和层析:是根据生物大分子和配体之间的特异性亲和力(如酶和抑制剂、抗体和抗原、激素和受体等),将某种配体连接在载体上作为固定相,而对能与配体特异性结合的生物大分子进行分离的一种层析技术。亲和层析是分离生物大分子最为有效的层析技术,具有很高的分辨率。

四、分配层析的原理

分配层析是利用被分离物质在两相中分配系数的差别而使其彼此分离的。所谓分配系数,是指一种溶质在两种互不相溶的溶剂中溶解达到平衡时,该溶质在两相溶剂中浓度的比值。在等温、等压条件下可用下式表示:

$$K=K_2/K_1 \tag{2-3-7}$$

式中,K 为分配系数,K_2是溶质在固定相中的浓度,K_1是溶质在流动相中的浓度。不同物质因其性质不同分配系数也不同。

分配层析中应用最广泛的多孔支持物是滤纸,因此叫作纸层析。纸层析是以滤纸为惰性支持物,以纸上所含水分或其他物质为固定相,以单一溶剂或混合溶剂为流动相进行展开的分配层析法。

五、亲和层析的原理

亲和层析(affinity chromatography)又叫功能层析或生物特异性吸附,是根据生物高分子能与一些物质特异性结合的特性设计出来的一种层析法。亲和层析是在具有特异性吸附能力的吸附剂上进行的层析,因而具有高度的特异性和分辨率,是分离生物高分子的一种理想方法。

某些生物高分子可以特异性地与其他物质非共价键结合,当溶液 pH、离子强度改变时,又会解离。例如抗原与抗体、激素与受体、酶与底物、调节效应物、辅助因子,互补的DNA(或 RNA)单链之间,都能相互识别而结合,它们互称为配体。如果将配体连接到固相载体上,便可用于亲和层析。例如将某一待分离物质的特异配体通过适当化学反应共价连接到琼脂糖凝胶表面的功能基上,将其装入层析柱,当待分离的混合样品通过层析柱时,配体间可以特异地结合而固定于层析柱上,未与配体结合的组分被洗脱下来。对特异性结合的生物高分子,可以通过改变溶液的 pH、离子强度或采用一些弱的变性试剂减弱其结合能力,或采用某种更强的结合物质与其竞争,从而使结合的生物分子从柱中分离出来。

六、吸附层析的原理

吸附层析是利用固定相对物质分子吸附能力的差异实现对混合物分离的方法。吸附力的强弱与吸附剂和被吸附物质的性质以及周围溶液的组成有关。极性吸附剂的作用类似离子交换剂,可能是由于离子吸引或氢键作用;非极性吸附剂可能靠范德华引力和疏水性相互作用。当待分离样品随流动相经过由吸附剂组成的固定相时,由于吸附剂对不同溶质的吸附能力不同,因而溶质在洗脱时流出的先后顺序也就不同,吸附弱的物质先被洗脱,吸附强的物质后被洗脱,从而达到分离物质的目的。

当改变周围溶剂的成分使被吸附物质从吸附剂上解离下来,这种解离过程称为洗脱或展层。吸附层析就是利用吸附剂的吸附能力可受溶剂影响而发生改变的性质,在样品被吸附剂吸附后，用适当的洗脱液洗脱，使被吸附的物质解离并随洗脱液向前移动。这些解离下来的物质向前移动时，遇到前面的吸附剂又被吸附，经过吸附—解离的反复过程，物质即可沿洗脱液的前进方向移动，其移动速率取决于当时条件下吸附剂对该物质的吸附能力。若吸附剂对该物质的吸附能力强，则物质向前移动的速率慢；反之，则快。由于同一吸附剂对样品中各组分的吸附能力不同，所以在洗脱过程中各组分便会由于移动速率不同而被逐渐分离出来，这就是吸附层析的基本原理。

七、离子交换层析的原理

离子交换层析(ion exchange chromatography，IEC)是以离子交换剂为固定相、以一定pH和离子强度的溶液为流动相，利用交换剂对各种离子的亲和力不同，使混合物中各种离子得以分离。该技术主要用于氨基酸、蛋白质、糖类、核苷酸等的分离纯化。

(一)离子交换层析的原理

离子交换作用是指溶液中的某一种离子与交换剂上的一种离子互相交换，即溶液中的离子结合到交换剂上，而交换剂上的离子被替换下来。

物质的带电性、极性等具有差异，因此各种带电物质与交换剂的亲和力也有差异，离子交换剂的带电基团能吸附溶液中带相反电荷的物质，被吸附物质再与带相同电荷的其他离子置换而被洗脱。通过控制洗脱条件可将各种带电物质逐个分离，然后进行定性和定量分析。

离子交换剂以不溶的惰性物质为支持物，通过化学反应(酯化、氧化和醚化等)共价连接带电基团，连接正电荷基团的为阴离子交换剂，连接负电荷基团的为阳离子交换剂。带相反电荷的可交换离子以静电引力结合在交换剂上称为平衡离子。

(二)常用离子交换剂

离子交换剂是一种带有可交换阴离子或阳离子的不溶性高分子聚合物，具有特殊的网状结构，在与水溶液接触时能与溶液中的离子进行交换，即其中可交换离子可被溶液中的带相同电荷的离子取代。离子交换剂对酸、碱和有机溶剂均有良好的化学稳定性。根据其支持物的化学本质，可分为离子交换树脂、离子交换纤维素和离子交换葡聚糖凝胶三类；根据交换剂的性质，可分为阳离子交换剂和阴离子交换剂两类；根据离子交换剂中酸性及碱性基团的强弱，分为强酸型、弱酸型阳离子交换剂和强碱型、弱碱型阴离子交换剂。阴离子交换剂含有带负电荷的酸性基团，能与溶液中的阳离子进行交换；阳离子交换剂含有带正电荷的碱性基团，能与溶液中的阴离子进行交换。强酸型与强碱型离子交换能力强，弱酸型与弱碱型离子交换能力弱(表2-3-1)。

表2-3-1　常用离子交换剂的种类及解离基团

商品名	类　别	解离基团	商品名	类　别	解离基团
CM	弱酸型阳离子	羧甲基	PAB	弱碱型阴离子	对氨基苯甲酸
P	强酸型阳离子	磷酸基	DEAE	弱碱型阴离子	二乙基氨基乙基
SE	强酸型阳离子	磺酸乙基	TEAE	强碱型阴离子	三乙基氨基乙基
SP	强酸型阳离子	磺酸丙基	QAE	强碱型阴离子	二乙基(2-羟丙基)-氨基乙基

1. 离子交换树脂

离子交换树脂由化学方法合成，有苯乙烯型、丙烯型、环氧型、纤维素型、凝胶型等，一般为由低分子单体和交联剂形成的网状结构聚合物，并在主体结构上连接强的活性基团。离子交换树脂不溶于水、酸、碱和有机溶剂，在与溶液中离子或离子化合物进行交换时，物理性能不变。这种树脂由于交联孔径小，对高分子化合物的穿透能力很弱，吸附力太强，洗脱时需要采取比较强烈的条件，易引起蛋白质变性，因此不适用于蛋白质分离纯化，多用于小肽和氨基酸的分离纯化。

阳离子交换树脂：在阳离子交换树脂的网状结构上，连接不同强度的带负电荷的解离基团，即可形成不同的阳离子交换树脂。连接磺酸基团（$—SO_3H$）、甲基磺酸基团（$—CH_2—SO_3H$）等强解离基团的，为强阳离子交换树脂；连接磷酸基（$—PO_3H_2$）等中强解离基团的，为中强阳离子交换树脂；连接羧基（—COOH）等弱解离基团的，为弱阳离子交换树脂。

阴离子交换树脂：在阴离子交换树脂的网状结构上，连接不同强度的带正电荷的解离基团，即可形成不同的阴离子交换树脂。如连接季铵盐（$—N^+(CH_3)_3$）的，为强阴离子交换树脂；连接亚胺甲基（$—NHCH_3$）和氨基（$—NH_2$）的，为弱阴离子交换树脂。

一般来说，强酸型离子交换剂对氢离子的结合力比钠离子小，弱酸型离子交换剂对氢离子的结合力比钠离子大；强碱型离子交换剂对氢氧根离子的结合力比氯离子小，弱碱型离子交换剂对氢氧根离子的结合力比氯离子大。

弱酸性或弱碱性离子交换树脂所带电荷量取决于环境中的 pH。羧基型树脂在 $pH>6$ 时方能起充分作用；$pH<3$ 时，羧基的解离被强烈抑制，交换作用不能进行。氨基型树脂在 $pH<7$ 时才能进行有效交换；当 $pH>9$ 时，不能发生交换反应。

2. 离子交换纤维素

离子交换纤维素（cellulose ion exchanger）以纤维素为支持物，具有松散的亲水性网络结构，高分子可自由通过，表面积较大，大部分可交换基团位于纤维素表面，易与高分子蛋白质交换。由于组成纤维素的糖残基上的羟基被取代的百分比较低，因此洗脱条件温和，回收率高，适用于活性酶和其他蛋白质的分离纯化。

在纤维素主体结构上连接 SM-纤维素（甲基磺酸纤维素）等为强阳性交换剂；连接 CM-纤维素（羧甲基纤维素）为弱阳性交换剂；连接 TEAE-纤维素（三乙基氨基乙基纤维素）为强阴性交换剂；连接 DEAE-纤维素（二乙基氨基乙基纤维素）等为弱阴性交换剂。

3. 离子交换凝胶

离子交换凝胶是高度交联的葡聚糖，在葡聚糖上连接可交换的离子基团，如 CM-Sephadex 为阳性交换剂，DEAE-Sephadex 为阴性交换剂。

离子交换凝胶每克干重具有较多带电基团，容量高，须以盐形式保存。在使用前要先变成游离碱型（阴离子型交换剂），然后转变成适当的盐型，最后用起始缓冲液平衡。离子交换凝胶具有离子交换和分子筛双重功能，既能根据分子电荷进行分离，又能根据分子大小进行分离。

八、凝胶过滤层析的原理

凝胶过滤层析（gel chromatography），是以多孔凝胶为固定相，当流动相的混合物流经固定相时，混合物中各种组分因分子大小不同而分离的一种层析技术，也叫作分子排阻层析（molecular exclusion chromatography）。

（一）凝胶过滤层析的原理

凝胶层析的原理是分子筛（molecular sieve）效应。在长的玻璃圆柱中填充许多直径小于 1 mm 的凝胶颗粒。凝胶颗粒是某些惰性的多孔网状结构物质，一般是交联的聚糖（如葡聚糖或琼脂糖）类物质，孔径大小不一。将分子大小不同的混合物加在柱顶，再用缓冲液洗脱，这时分子大的成分不能进入凝胶颗粒孔径内而留在颗粒之间的空隙（即自由空间），通过自由空间从柱下端流出，所以流程短、流速快；分子小的成分能进入颗粒孔径内，在颗粒内扩散，并由一个颗粒进入另一个颗粒，要通过全部颗粒孔径及自由空间后才从柱下端流出，因此流程长、流速慢；大小居中的成分能进入部分颗粒的较大孔径内，但不能进入全部颗粒的孔径，因此流速居中。在整个洗脱过程中，各种成分按分子大小顺序依次被洗脱下来，分子大的先流出，分子小的后流出，这种现象叫分子筛效应（示意图详见第三章第一节实验五，图 3-1-5）。

各种分子筛的孔径大小有一个范围，有最大极限和最小极限。例如，分子直径比最大孔径的直径还大，这种分子就被全部排阻在凝胶颗粒外，称为全排出；分子直径比最小孔径的直径还小，这种分子能进入凝胶颗粒全部孔径。两种全排出的分子或两种能进入全部孔径的分子，即使分子大小直径不同，也不会有分离效果。因此，任何一种分子筛都有一定的使用范围，选用时必须注意。

（二）凝胶过滤层析的常用介质

凝胶过滤层析一般采用多孔介质作为分子筛，理想的凝胶在化学上是惰性的，不带离子基团，不和样品或洗脱液发生反应，机械强度好。凝胶颗粒大小直接影响层析的分辨率，在同样体积的柱床上，凝胶颗粒小对分子的阻滞作用更明显，分辨率更强，但颗粒过小会影响流速。目前，效果较好的凝胶介质有葡聚糖凝胶（dextran）、聚丙烯酰胺凝胶（polyacrylamide gel）和琼脂糖凝胶（agarose），另外还有多孔玻璃珠、多孔硅胶、聚丙乙烯凝胶等。不论使用何种凝胶颗粒，在同一次层析中，要求凝胶颗粒的直径均一、孔径一致，才能保证装柱均匀、流速稳定，才能获得好的分离效果。不同型号的凝胶间要有较宽的分子量的选择范围，以适用于不同大小分子的分离。下面叙述几种常见的凝胶介质。

1. 葡聚糖凝胶

葡聚糖凝胶是由细菌葡聚糖与交联剂 1-氯-2,3 环氧丙烷相互交联而成，商品名为"Sephadex"。细菌葡聚糖是由许多右旋葡萄糖通过 1,6-糖苷键连接而成，又叫右旋糖苷。在制备交联葡聚糖凝胶时，如使用交联剂多，则交联度大，网状结构致密，凝胶颗粒的孔径和吸水值小；反之，交联度小，网状结构疏松，凝胶颗粒的孔径和吸水值大，机械性能差。所以，吸水值可以代表交联度的大小。各种型号的交联葡聚糖以 G 值代表交联度，G 值越大，交联度越小。G 后边的数字为该型号交联葡聚糖每克干重实际吸水量的 10 倍。如 Sephadex G-75，其每克干胶实际吸水量为 7.5 g，由此可以了解凝胶交联的性质，以判断不同型号的 Sephadex 凝胶的机械性能。

Sephadex 凝胶在水溶液、盐溶液、碱溶液、弱酸溶液以及有机溶剂中比较稳定，可以多次重复使用。Sephadex 凝胶 pH 值范围一般为 2～10，强酸和氧化剂会使交联的糖苷键水解断裂，所以要避免 Sephadex 凝胶与强酸和氧化剂接触。Sephadex 凝胶在高温下稳定，可以煮沸消毒，100 ℃时加热 40 min 对凝胶的结构和性能都没有明显的影响。Sephadex 凝胶含有羟基，呈弱酸性，这使它有可能与分离物中的一些带电基团（尤其是碱性蛋白质）发生吸附作用，但一般在离子强度大于 0.05 的条件下，几乎没有吸附作用。所以在用 Sephadex 凝胶进行层析时，常使用一定浓度的盐溶液作为洗脱液，这样就可以避免 Sephadex 与蛋白质发生吸附。Sephadex 凝胶有各种大小的颗粒（一般有粗、中、细、超细）可供选择，一般粗颗粒流速快，但分辨率较差，细颗粒流速慢，但分辨率高，要根据分离要求来选择颗粒大小。

2. 聚丙烯酰胺凝胶

聚丙烯酰胺凝胶商品名为生物凝胶-P(Bio-Gel P),是由丙烯酰胺单体加热聚合,先形成线性多聚物,再与交联剂 *N*,*N*-亚甲基双丙烯酰胺共聚形成交联的聚丙烯酰胺,再经适当加工而成。只要控制单体量和交联剂的比例,即能得到不同规格的生物凝胶。不同规格的生物凝胶用排阻极限的 1/1000 标示,所谓排阻极限就是不能穿过凝胶孔穴的最小物质的分子质量,如 Bio-Gel P-4 的排阻极限是 4×10^{-3}。也就是不能进入凝胶色谱柱 Bio-Gel P 凝胶空隙内的最小分子的相对分子量是 4000 kD。

聚丙烯酰胺凝胶在水溶液、盐溶液、一般有机溶液以及酸性或偏碱性(pH 1~10)条件下都比较稳定,但在较强碱性或较高温度下易发生分解。聚丙烯酰胺凝胶亲水性强,基本不带电荷,所以吸附效应较小,但对芳香族、酸性、碱性化合物可能有吸附作用,使用离子强度高的洗脱液可以避免吸附作用。

3. 琼脂糖凝胶

琼脂糖是由 *D*-半乳糖和 3,6-脱水半乳糖交联构成的多糖链,在 100 ℃时呈液态,当温度降至 45 ℃以下时,多糖链以氢键相互连接形成双链单环的琼脂糖,经凝聚即成束状的琼脂糖凝胶。琼脂糖凝胶的商品名有 Agarose 和 Bio-Gel 等。琼脂糖是一种天然的凝胶,其颗粒虽由氢键结合,但能抵抗破坏氢键的试剂,而且有保持形状的能力。大孔径的葡聚糖和聚丙酰胺凝胶的机械性能比较差,用于高分子的分离有一定的困难,而琼脂糖凝胶却具有较大孔径,排阻极限高,适合分离较高分子,最大可达 10^5 kDa。

九、柱层析的基本装置及基本操作

目前,最常用的层析类型是各种柱层析,下面简述柱层析的基本装置及操作方法。

(一)柱层析的基本装置

柱层析的基本装置如图 2-3-2 所示。

(二)柱层析的基本操作

柱层析的基本操作包括以下几个步骤。

1. 装柱

柱子装填质量好坏是柱层析法能否成功分离纯化物质的关键步骤之一。一般要求柱子装填均匀,不能分层,不能有裂纹,柱子中不能有气泡等,否则要重新装柱。

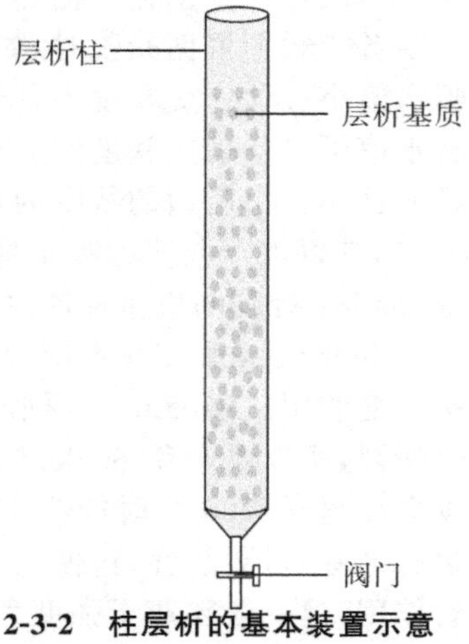

首先选好柱子,根据层析的基质和分离目的而定。一般柱子的直径与长度比为 1∶(10~50);凝胶柱可以选 1∶(100~200),同时将柱子洗涤干净。

将层析用的基质(如吸附剂、树脂、凝胶等)在适当的溶剂或缓冲液中溶胀,并用适当浓度的酸(0.5~1.0 mol/L)、碱(0.5~1.0 mol/L)、盐(0.5~1.0 mol/L)溶液洗涤处理,以除去其表面可能吸附的杂质,然后用去离子水(或蒸馏水)洗涤干净并真空抽气(吸附剂等与溶液混合在一起),以除去其内部的气泡。

层析柱
层析基质
阀门

图 2-3-2 柱层析的基本装置示意

关闭层析柱出水口,并装入 1/3 柱高的缓冲液,将处理好的吸附剂等缓慢地倒入柱中,使其沉降约 3 cm 高。

打开出水口,控制适当流速,使吸附剂等均匀沉降,并不断加入吸附剂溶液(吸附剂的多少根据分离样品的多少而定)。注意不能干柱[①]、分层,否则必须重新装柱。

最后使柱中基质表面平坦并在表面上留有 2～3 cm 高的缓冲液,同时关闭出水口。

2. 平衡

柱子装好后,要用有一定 pH 值和离子强度的缓冲液平衡柱子。用恒流泵在恒定压力下使缓冲液缓慢流过柱子(平衡与洗脱时的压力尽可能保持相同)。平衡液体积一般为 3～5 倍柱床体积,以保证平衡后柱床体积稳定及基质充分平衡。

3. 加样

加样量的多少直接影响到分离的效果。一般来讲,加样量尽量少些,分离效果就比较好。通常加样量应少于 20%的操作容量,体积应低于 5%的床体积。对于分析性柱层析,一般不超过床体积的 1%。当然,最大加样量必须在具体条件下多次试验后才能确定。

值得注意的是,加样时应缓慢小心地将样品溶液加到固定相表面,尽量避免冲击基质,以保持基质表面平坦。

4. 洗脱

选定好洗脱液后,洗脱的方式可分为简单洗脱、分步洗脱和梯度洗脱 3 种。

(1)简单洗脱:柱子始终用同样的一种溶剂洗脱,直到层析分离过程结束为止。这种方法适宜于被分离物质对固定相的亲和力差异不大,其区带的洗脱时间间隔(或洗脱体积间隔)也不长的情况下。但选择的溶剂必须很合适,才能使各组分的分配系数较大。否则,应采用分步洗脱或梯度洗脱法。

(2)分步洗脱:按照洗脱能力递增的顺序排列的几种洗脱液,进行逐级洗脱。它主要适用于混合物组成简单、各组分性质差异较大或需快速分离的情况。每次用一种洗脱液将其中一种组分快速洗脱下来。

(3)梯度洗脱:当混合物中组分复杂且性质差异较小时,一般采用梯度洗脱。它的洗脱能力是逐步连续增加的,梯度可以指浓度、极性、离子强度或 pH 值等,最常用的是浓度梯度。

洗脱条件的选择也是影响层析效果的重要因素。当对所分离的混合物的性质了解较少时,一般先采用线性梯度洗脱的方式去尝试,但梯度的斜率要小一些,尽管洗脱时间较长,但对性质相近的组分分离更为有利。同时还应注意洗脱时的速率。如前所述,流速的快慢将影响理论塔板高度,从而影响分辨率。也就是说,速率太快,各组分在固液两相中平衡时间短,相互分不开,仍以混合组分流出;速率太慢,将增大物质的扩散,同样达不到理想的分离效果,只有多次试验才会得到合适的流速。总之,必须经过反复的试验与调整(可以用正交试验或优选法),才能得到最佳的洗脱条件。还应特别强调的是,在整个洗脱过程中,千万不能干柱,否则分离纯化将会前功尽弃。

5. 收集、鉴定及保存

在生化实验中,通常采用部分收集器来收集分离纯化的样品。由于检测系统的分辨率有限,洗脱峰不一定能代表一个纯净的组分。因此,每管的收集量不能太多,一般 1～5 mL/管。如果分离的物质性质很相近,可低至 0.5 mL/管,视具体情况而定。在合并一个峰的各管溶液之前,还要进行鉴定。例如,一个蛋白峰的各管溶液,要先用电泳法对各管进行鉴定。对于单条带的,可以合并在一起。不同种类的物质采用的鉴定方法是不同的,根据各自特点选择相应的鉴定方法。为了保持所得产品的稳定性与生物活性,一般采用透析法除盐、超滤或减压薄膜浓缩,再冰冻干燥,得到干粉,在低温下保存备用。

---

① 干柱指柱子干燥了。因装柱后需要保持柱子湿润,柱子干后无法正常使用。

6. 基质(吸附剂、交换树脂或凝胶等)的再生

许多基质(吸附剂、交换树脂或凝胶等)可以反复使用多次,而且价格昂贵,所以层析后要回收处理,以备再用,严禁乱倒乱扔。各种基质的再生方法可参阅具体层析实验及有关文献。

(郑红花)

第四节　电泳技术

一、电泳的原理

电泳是指在电场的作用下，带电颗粒向着其所带电性相反的电极发生迁移的过程。在确定的条件下，带电颗粒在单位电场强度作用下单位时间内移动的距离（即迁移率）是该带电颗粒的物理化学特征性常数。电泳技术就是带电颗粒由于带电性质、带电荷量以及相对分子质量大小、分子形状等性质存在差异，在电场中的迁移速度不同，从而对样品进行分离的技术。许多重要的生物分子，如小分子的氨基酸、核苷酸，以及大分子的多肽、蛋白质、核酸等，在特定的 pH 下可以带有正电荷或负电荷，在电场中向其所带电性相反的电极方向移动。

电泳现象最早于 1807 年被俄国莫斯科大学的斐迪南·弗雷德里克·罗伊斯（Ferdinand Frederic Reuss）发现。1936 年，瑞典生物化学家阿尔内·威廉·考林·蒂塞利乌斯（Arne Wilhelm Kaurin Tiselius）设计出移动界面电泳仪，对血清蛋白进行分离，创建了电泳技术，并获得 1948 年的诺贝尔化学奖。

早期的移动界面电泳由于没有固定介质的支持，扩散和对流都比较强，影响分离效果。20 世纪 40—50 年代，移动界面电泳逐渐被区带电泳取代。区带电泳是指在电泳过程中，以一个被缓冲液饱和了的固相介质作为支持介质，从而减少外界干扰的电泳技术。区带电泳中使用的支持介质有滤纸、醋酸纤维素薄膜、琼脂糖凝胶、聚丙烯酰胺凝胶等多种。其中由于凝胶是多孔物质，具有分子筛的效应，因此凝胶电泳不仅防止了对流，降低了扩散，同时还大大提高了分辨率。到 20 世纪 60 年代，日益更新发展的凝胶电泳技术就已经可以根据生物分子之间非常微小的物理化学性质差异将其分离，从而推动了分子生物学的快速发展。现在，凝胶电泳及其相关技术已经广泛应用于多种生物学研究方法中，如蛋白印迹、DNA 测序等。

二、影响电泳分离的因素

（一）电泳支持介质

由于不同生物分子类型的物理化学性质有所差异，因此需要选取适合的支持介质才能达到最好的分辨率。例如琼脂糖凝胶的孔径较大，不太适于蛋白质的分离。目前用于蛋白质的电泳介质多为聚丙烯酰胺凝胶和醋酸纤维素薄膜，而用于 DNA 电泳的则多为琼脂糖凝胶和聚丙烯酰胺凝胶。

（二）凝胶的浓度

由于凝胶还具有分子筛作用，其筛孔的大小对于待分离生物大分子的电泳迁移速度有明显的影响：小分子易于通过筛孔，受到的阻挡作用小，电泳迁移速度快；而大分子不容易通过筛孔，受到的阻挡作用大，电泳迁移速度慢。因此，高浓度的凝胶适合较小分子的分离，而低浓度的凝胶适合较大分子的分离。在以凝胶为介质的电泳中，需要针对研究的分子大小和实验目的，调整凝胶浓度，以获得最佳的分离效果。

（三）电泳缓冲液的 pH 值

溶液的 pH 值决定了被分离物质的解离程度，也决定了物质的带电性质及所带净电荷的多少。对于蛋白质等两性电解质，当溶液 pH 值等于其等电点时，该物质的净电荷为零，在电场中不移动；当溶液 pH 值大于物质的等电点时，该物质带负电荷，在电场中向正极移动；当溶液 pH 值小于物质的等电点时，该物质带正电荷，在电场中向负极移动。溶液 pH 值离物质的等电点越远，该物质所带电荷越多，泳动速度越快；反之越慢。为了保证电泳过程中溶液的 pH 值恒定，必须采用缓冲溶液。不同的两性电解质在同一缓冲液中所带净电荷量不同。因此在电泳时，应该根据样品的性质，选择适合的 pH 电泳缓冲液。

（四）电泳缓冲液的离子强度

溶液的离子强度（ion intensity）是指溶液中各离子的物质的量浓度与离子价数平方的乘积的总和的一半。即：

$I=1/2\ \Sigma C_i Z_i^2$（其中 I 为离子强度，C_i 为离子的物质的量浓度，Z_i 为离子价数）

带电颗粒的迁移率与离子强度的平方根成反比。缓冲液的离子强度增加时会引起带电颗粒迁移率的降低，这是由于带电颗粒会吸引相反电性的离子聚集在周围，形成一个与运动颗粒电性相反的离子氛，离子氛不仅降低带电颗粒的带电量，而且增加颗粒前移的阻力，甚至使其不能泳动。在低离子强度溶液中，带电颗粒迁移率快。但是当缓冲液的离子强度太低时，会降低缓冲液的缓冲容量，不易维持溶液的 pH 值恒定。因此，为了保持电泳过程中待分离生物大分子的电荷以及缓冲液 pH 值的稳定性，缓冲液通常要保持一定的离子强度，一般在 0.02～0.2 之间。

（五）电场强度

电场强度又称为电势梯度，是指每厘米的电位差。电场强度与电泳速度成正比关系，电场强度越高，带电颗粒移动速度越快。在高压电泳中，所用电压在 500～1000 V，甚至更高，电泳时间短，适合于小分子化合物的分离，如无机离子、氨基酸等。但因电压高，产热大，需要有冷却装置，否则高热会导致蛋白质等物质的变性，并因发热引起缓冲液中水分蒸发过多，使得支持介质上的离子强度增加，影响物质分离。在常压电泳中，产热量小，一般无须冷却装置，可以在室温下分离蛋白质样品，但所需电泳时间相对较长。

（六）电渗现象

在有固相支持介质的电泳中，影响电泳移动的一个重要因素是电渗。电渗是指在电场中，当固相支持介质带有可电离的基团时，会吸附与之相接触的水溶液中的正或负离子，使得溶液相对带负电或正电，在电场作用下，固相支持介质表面的溶液会向相反的方向移动。如果电渗方向和待分离分子的电泳方向相同，则会加快电泳速度；如果相反，则会降低电泳速度。

三、电泳的常见分类

（一）按分离原理不同分类

（1）移动界面电泳：最早发展起来的电泳方式。不需要支持介质。通常是在 U 形管中进行电泳，但其分离效果差，现已被其他电泳技术取代。

（2）区带电泳：需要支持介质，在电泳过程中，待分离的各组分分子在支持介质中被分离成许多条独立的区带。这是当前应用最为广泛的电泳技术。

（3）等电聚焦电泳：使用两性电解质，使之在电场中自动形成 pH 梯度，而被分离的生物大分子移动到各自等电点的 pH 处后不再迁移，聚集成很窄的区带。

（二）按支持介质的物理性状不同分类

（1）纸电泳：使用滤纸作为支持介质。

(2)薄膜电泳:使用醋酸纤维、玻璃纤维、聚氯乙烯纤维等。

(3)粉末电泳:使用纤维素粉、淀粉、玻璃粉等。

(4)凝胶电泳:使用琼脂、琼脂糖、硅胶、淀粉胶、聚丙烯酰胺凝胶等。

(5)丝线电泳:使用尼龙丝、人造丝等。

(三)按支持物的装置形式不同分类

(1)平板式电泳:支持物水平放置,如纸和各种薄膜电泳、琼脂和琼脂糖凝胶电泳等。

(2)垂直板式电泳:聚丙烯酰胺凝胶常采用垂直板式电泳。

(3)垂直柱式电泳:如聚丙烯酰胺凝胶盘状电泳。

(四)按 pH 的连续性不同分类

(1)连续 pH 电泳:在整个电泳过程中 pH 保持不变,常用的纸电泳、醋酸纤维素薄膜电泳等属于此类。

(2)非连续性 pH 电泳:缓冲液和电泳支持物间有不同的 pH,如聚丙烯酰胺凝胶盘状电泳分离蛋白质时常用这种形式。它的优点是可在不同 pH 区之间形成高的电位梯度区,使蛋白质移动加速并压缩为一极狭窄的区带,从而达到浓缩的目的。

(五)按用途不同分类

按用途不同可分为分析电泳、制备电泳、定量免疫电泳、连续制备电泳等。

四、几种常用电泳的简介

(一)醋酸纤维素薄膜电泳

醋酸纤维素薄膜电泳(cellulose acetate membrane electrophoresis)的固相支持介质是醋酸纤维素。它是将纤维素的羟基乙酰化为纤维素醋酸酯,再溶于有机溶剂(丙酮)后涂布成有均一细密微孔的薄膜,待有机溶剂挥发后,即形成白色不透明的醋酸纤维素薄膜。其厚度以 0.10～0.15 mm 为宜。太厚吸水性差,分离效果不好;太薄则机械强度差,容易破碎。

醋酸纤维素薄膜电泳的分辨率比聚丙烯酰胺凝胶电泳低,但其操作简单快速,已经广泛用于血清蛋白、球蛋白、脂蛋白、糖蛋白、甲胎蛋白、类固醇激素以及同工酶等的分离分析中。

醋酸纤维素薄膜电泳的一些优点包括:①对蛋白质样品吸附极少,无“拖尾”现象,染色后背景能够完全脱色,蛋白质区带分离清晰,因而提高了测定的精确性;②快速省时——醋酸纤维素薄膜亲水性较小,容纳的缓冲液也少,电泳时大部分电流是由样品传导的,电渗作用小,因此分离速度快,电泳时间短;③样品用量少,灵敏度高——血清蛋白电泳仅需 2 μL 血清,甚至加样体积少到 0.1 μL,仅含 5 μg 的蛋白样品也可以得到清晰的电泳区带;④醋酸纤维素薄膜电泳染色后,经处理可制成透明的干板,有利于扫描定量及长期保存。

(二)琼脂糖凝胶电泳

琼脂糖凝胶电泳(agarose gel electrophoresis,AGE)以琼脂糖为支持介质。琼脂糖是从琼脂中提纯出来的胶状多糖,通常为白色粉末,有时稍微带色。市售的琼脂糖有不同的提纯等级,主要以硫酸根的含量为指标,硫酸根的含量越少,提纯等级越高。琼脂糖的分子结构主要是由 1,3 连接的 β-D-吡喃半乳糖和 1,4 连接的 3,6-脱水 α-D-吡喃半乳糖交替而成。琼脂糖的较为稳定的交联结构使得琼脂糖凝胶具有较好的抗对流性质。琼脂糖本身没有电荷,但一些糖基可能会被羧基、甲氧基特别是硫酸根不同程度地取代,使得琼脂糖凝胶表面带有一定的电荷，引起电泳过程中发生电渗现象，影响分离效果。

琼脂糖凝胶电泳的分辨率低于聚丙烯酰胺凝胶电泳，适用于忽略蛋白质大小而只根据蛋白质天然电荷来进行分离的电泳技术，如免疫电泳、平板等电聚焦电泳等。琼脂糖凝胶电泳更多的是用于DNA和RNA分子的分离、分析。琼脂糖凝胶作为电泳基质具有如下优点：①琼脂糖凝胶具有大量微孔，其孔径尺寸取决于它的浓度，可以分析大到百万道尔顿的大分子；②琼脂糖具有较高的机械强度，可以在1%或更低的浓度下使用；③琼脂糖无毒，制作过程不会发生自由基聚合，无须催化剂；④染色、脱色程序简单、快速，背景色较低；⑤琼脂糖凝胶有热可逆性，低熔点的琼脂糖可以用于样品回收制备；⑥琼脂糖凝胶是高灵敏度放射自显影的理想材料。

通常制备琼脂糖凝胶是将琼脂糖加入缓冲溶液中，加热到90 ℃以上使之溶解，再降温后使之凝固。当温度下降到某一温度时琼脂糖由液体转变为不流动的固态，即为琼脂糖的胶凝温度，一般在34～43 ℃。而凝固后的凝胶再加热到由固态转变为液态时的温度，即为琼脂糖的胶融温度，一般在75～90 ℃。但用于回收制备目的的低熔点琼脂糖的胶融温度应不高于65 ℃，以便在重新融化琼脂糖回收样品时不破坏样品分子的结构。

（三）聚丙烯酰胺凝胶电泳

1. 概述

聚丙烯酰胺凝胶电泳（polyacrylamide gel electrophoresis，PAGE）是以聚丙烯酰胺凝胶作为支持介质的一种常用电泳技术。聚丙烯酰胺凝胶是由单体丙烯酰胺（acrylamide，Acr）通过交联剂*N*,*N*′-亚甲基双丙烯酰胺（*N*，*N*′-methylene-bis-acrylamide，Bis）交联聚合形成。该聚合过程由自由基催化完成。常用的催化聚合方法有两种：化学聚合法和光聚合法。化学聚合通常以过硫酸铵（ammonium persulfate，AP）作为催化剂，以*N*,*N*,*N*′,*N*′-四甲基乙二胺（*N*,*N*,*N*′,*N*′-tetramethyl ethylenediamine，TEMED）作为加速剂。在聚合过程中，TEMED催化AP产生自由基，自由基的氧原子引发Acr单体聚合形成单体长链，同时Bis与Acr单体长链间产生甲叉键交联，从而形成三维网状结构凝胶。由于氧气对自由基有清除作用，所以通常凝胶溶液聚合前要进行抽气，防止溶液中有氧气而妨碍聚合。

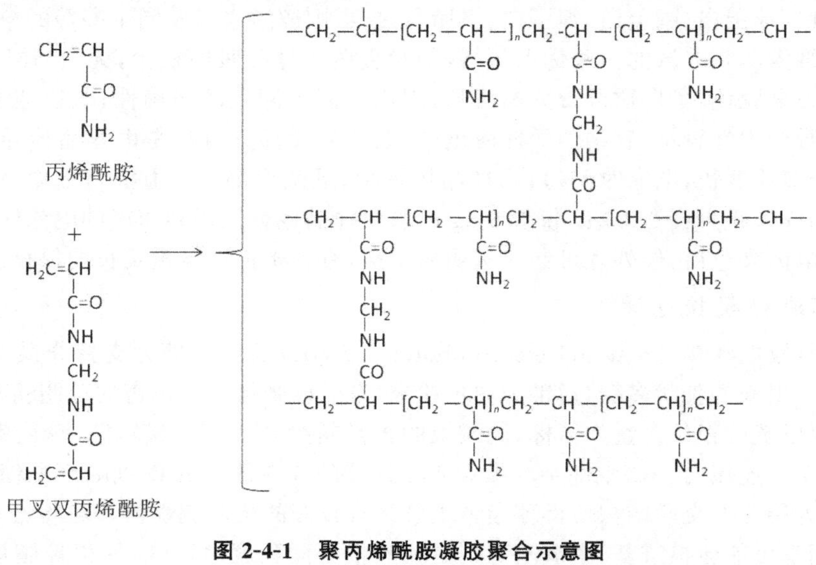

丙烯酰胺

甲叉双丙烯酰胺

图 2-4-1　聚丙烯酰胺凝胶聚合示意图

丙烯酰胺的另一种聚合方法是光聚合，其催化剂是核黄素(riboflavin)，在痕量氧存在下，核黄素光解形成无色基，无色基再被氧气氧化成自由基，激活单体发生聚合。一般光照2～3 h即可完成聚合反应。光聚合形成的凝胶孔径较大，且不稳定，适于制备大孔径的浓缩胶。由于Acr和Bis对中枢神经有毒，因此在实验操作中应避免直接接触和吸入粉尘。

2. 聚丙烯酰胺凝胶的特性

聚丙烯酰胺凝胶的孔径大小、机械性能、弹性、透明度等均与单体Acr和双体Bis在凝胶中的总浓度(T)，以及双体Bis占总浓度的百分含量即交联度(C)有关。即：

$$T=(a+b)/m\times100\% \tag{2-3-8}$$

$$C=b/(a+b)\times100\% \tag{2-3-9}$$

式中，a为Acr的质量(g)；b为Bis的质量(g)；m为缓冲液的终体积(mL)。

通常凝胶的弹性、透明度和孔径大小均随着凝胶浓度的增加而减小，而机械强度却随着凝胶浓度的增加而增加。因此T值小的凝胶，有效孔径大，可以分离大分子量的样品；而随着T值的增加，有效孔径降低，可以分离小分子量的样品。此外，单体Acr与双体Bis的比例($a:b$)对凝胶的孔径大小、透明度、机械强度等性质也有明显影响。当$a:b$小于10时，凝胶脆而易碎、坚硬，呈乳白色；当$a:b$大于100时，凝胶呈糊状，易于断裂。

理查德(Richard)等在1965年提出了适合于确定凝胶浓度为5%～20%范围内交联度的经验公式：

$$C=6.5-0.3T$$

如果选用总浓度T分别为5%和10%，可计算出交联度C应分别为5%和3.5%。

3. 聚丙烯酰胺凝胶的优点

聚丙烯酰胺凝胶具有下列优点：

(1)在一定浓度时凝胶透明，有弹性，机械性能好；

(2)化学性能稳定，与被分离物不起化学反应，在很多溶剂中不溶；

(3)对pH和温度变化较稳定；

(4)几乎无吸附和电渗作用，只要Acr纯度高，操作条件一致，则样品分离重复性好；

(5)样品不易扩散，且用量少，其灵敏度可达10^{-6}g；

(6)凝胶孔径可调节，根据被分离物的分子量选择合适的浓度，通过改变单体及交联剂的浓度可调节凝胶的孔径；

(7)分辨率高，尤其在不连续凝胶电泳中，集浓缩、分子筛和电荷效应为一体，较醋酸纤维薄膜电泳、琼脂糖电泳等有更高的分辨率。

4. 聚丙烯酰胺凝胶电泳系统的分类

聚丙烯酰胺凝胶电泳分为连续系统与不连续系统两大类。前者的电泳体系中缓冲液pH值及凝胶浓度相同，带电颗粒在电场作用下主要靠电荷及分子筛效应进行分离。后者的电泳体系中由于缓冲液离子成分、pH值、凝胶浓度及电位梯度的不同，即不连续性，带电颗粒在电场中的泳动不仅有电荷效应、分子筛效应，还具有浓缩效应，因而其分离条带清晰度及分辨率均较前者佳。

目前常用的聚丙烯酰胺凝胶电泳多为垂直板电泳。电泳凝胶分为两部分，上层为浓缩胶，下层为分离胶，浓缩胶和分离胶配制时所用的电极缓冲液和胶浓度均不相同。浓缩胶是低浓度的大孔胶，凝胶浓度通常为3%～5%，凝胶缓冲液为pH 6.7的Tris-HCl。分离胶是高浓度的小孔胶，浓度通常为8%～12%，凝胶缓冲液为pH 8.9的Tris-HCl。将带有两层凝胶的玻璃板垂直放在电泳槽中，上样后在电泳槽中加入足够量的pH 8.3 Tris-甘氨酸电泳缓冲液，接通电源即可进行电泳。在此电泳体系中，有2种孔径的凝胶、2种缓冲体系、3种pH值，因而形成了凝胶孔径、pH值、缓冲液离子成分的不连续，这是样品浓缩的主要因素。

5. 聚丙烯酰胺凝胶的分离原理

在不连续PAGE的电泳体系中，缓冲液离子成分、pH、凝胶浓度及电位梯度是不连续的，带电颗粒在电场中的泳动不仅依靠电荷效应和分子筛效应，还有浓缩效应。不连续聚丙烯酰胺凝胶的分离效应主要包括以下几个方面：

(1)样品的浓缩效应。主要基于：

①凝胶孔径不连续性。在上述两层凝胶中，浓缩胶为大孔胶，分离胶为小孔胶。在电场作用下，蛋白质颗粒在大孔胶中泳动遇到的阻力小，移动速度快。当进入小孔胶时，蛋白质颗粒泳动受到的阻力大，移动速度减慢。因而在两层凝胶交界处，凝胶孔径的不连续性使样品迁移受阻，从而压缩成很窄的区带。

②缓冲体系离子成分及pH值的不连续性。在两层凝胶中均有三羟甲基氨基甲烷(简称Tris)及HCl。Tris的作用是维持溶液的电中性及pH值，是缓冲配对离子。HCl在溶液中易解离出氯离子(Cl^-)，它在电场中迁移速率快，走在最前面，称为前导离子(leading ion)或快离子。在电泳缓冲液中，除有Tris外，还有甘氨酸，其$pK_1=2.3$，$pK_2=9.7$，$pI=(pK_1+pK_2)/2=6.0$。它在pH 8.3的电泳缓冲液中，易解离出甘氨酸根($NH_2CH_2COO^-$)，而在pH 6.7的凝胶凝胶缓冲体系中，甘氨酸解离度最小，仅约0.1%，因而在电场中迁移很慢，称为尾随离子(trailing ion)或慢离子。

血清中，大多数蛋白质pI在5.0左右，在pH 6.7的浓缩胶中均带负电荷，在电场中都向正极移动，其有效迁移率(有效迁移率$=m\alpha$，m为迁移率，α为解离度)介于快离子与慢离子之间。于是蛋白质就在快、慢离子形成的界面处被浓缩成极窄的区带。它们的有效迁移率按下列顺序排列：$m_{Cl}\alpha_{Cl}>m_{P}\alpha_{P}>m_{G}\alpha_{G}$(Cl代表氯离子，P代表蛋白质，G代表甘氨酸根)。若为有色样品，则可在界面处看到有色的极窄区带。当进入pH 8.9的分离胶时，甘氨酸解离度增加，其有效迁移率超过蛋白质。因此氯离子及甘氨酸根沿着离子界面继续前进。蛋白质分子由于分子量大，被留在后面，然后根据分子量大小分成多个区带。

因此，浓缩胶与分离胶之间pH值的不连续性是为了控制慢离子的解离度，从而控制其有效迁移率。在浓缩胶中，要求慢离子的有效迁移率比所有被分离样品的低，以使样品夹在快、慢离子界面之间被浓缩。进入分离胶后，慢离子解离度增加，这时其有效迁移率比所有样品的有效迁移率都高，从而使样品不再受离子界面的影响，而是可以按分子量大小进行有效分离。

③电位梯度的不连续性。电位梯度的高低与电泳速度的快慢有关，因为电泳速度(v)等于电位梯度(E)与迁移率(m)的乘积($v=mE$)。迁移率低的离子，在高电位梯度中可以与具有高迁移率而处于低电位梯度的离子具有相似的速度(即$E_{高}m_{慢}\approx E_{低}m_{快}$)。在不连续系统中，电位梯度的差异是自动形式的。电泳开始后，由于快离子的迁移率大，就会很快超过蛋白质，因此在快离子后面形成一个离子浓度低的区域即低电导区。因为：

$$E=\frac{I}{\eta} \tag{2-3-10}$$

式中，E 为电位梯度；I 为电流强度；η 为电导率。

E 与 η 成反比，所以低电导就有了较高的电位梯度。这种高电位梯度使蛋白质和慢离子在快离子后面加速移动。当快离子、慢离子和蛋白质的迁移率与电位梯度的乘积彼此相等时，则 3 种离子移动速度相同。在快离子和慢离子的移动速度相等的稳定状态建立之后，则在快离子和慢离子之间形成一个稳定而又不断向阳极移动的界面。也就是说，在高电位梯度和低电位梯度之间的地方，形成一个迅速移动的界面(图 2-4-2)。由于蛋白质的有效迁移率恰好介于快、慢离子之间，因此也就聚集在这个移动的界面附近，被浓缩形成一个狭小的中间层。

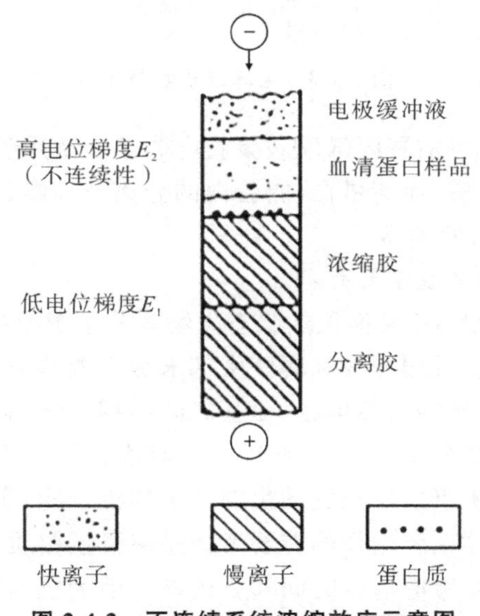

图 2-4-2　不连续系统浓缩效应示意图

(2)分子筛效应：分子量或分子大小和形状不同的蛋白质通过一定孔径的分离胶时，受阻滞的程度不同而表现出不同的迁移率，这就是分子筛效应。在浓缩胶中经上述浓缩效应后，各种血清蛋白进入同一孔径的小孔分离胶时，分子迁移速度与分子量大小和形状密切相关。分子量小且为球形的蛋白质分子所受阻力小，移动快，走在前面；反之，则阻力大，移动慢，走在后面。这样在分离胶中通过凝胶的分子筛作用，就可以将各种蛋白质按其分子量大小，分成各自不同的区带。

(3)电荷效应：各种蛋白质所带静电荷不同，具有不同的迁移率。在电泳中，表面带电荷量越多，电泳迁移率越快；反之，则慢。因此，各种蛋白质按照带电荷多少、相对分子质量大小及分子形状，以一定顺序排成独立的蛋白质区带。虽然各种蛋白质在浓缩胶与分离胶界面处被高度浓缩，形成一条很窄的区带，但进入 pH 8.9 的分离胶后，各种蛋白所带净电荷不同，因而迁移率也不同。表面电荷多，则迁移快；反之，则慢。

综上所述，通过以上三种物理效应，各种蛋白质就根据其电荷量多少、分子量大小及形状，具有不同的泳动速度，从而被按一定顺序分离到不同区带。

血清蛋白在纸或醋酸纤维素薄膜电泳中，只能分离出 5～6 条区带，而聚丙烯酰胺电泳

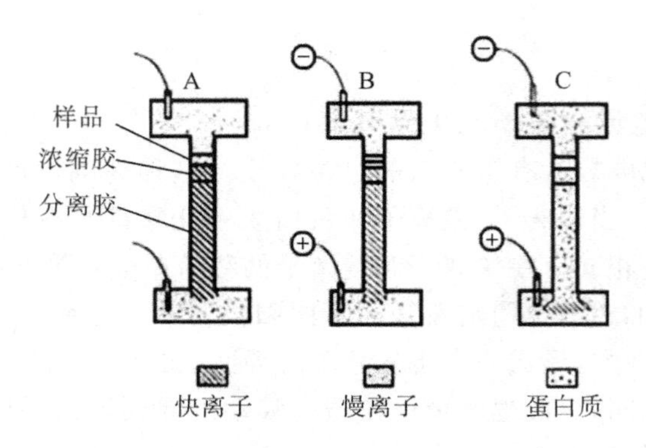

A—电泳前蛋白质样品在凝胶的上方；B—电泳开始后，蛋白质夹在快、慢离子之间被浓缩成极窄的区带；C—蛋白质样品被分离成数个区带。

图 2-4-3　电泳过程示意图

却可分离出 10 条区带，因而目前聚丙烯酰胺凝胶电泳已广泛用于科研、农、医及临床诊断的分析、制备，如蛋白质、酶、核酸、血清蛋白、脂蛋白的分离及病毒、细菌提取液的分离等。

6. 聚丙烯酰胺凝胶电泳的类型

聚丙烯酰胺凝胶电泳的类型主要有：

(1)常规 PAGE：常规 PAGE 又称天然状态生物大分子 PAGE。它是在恒定的、非解离的缓冲系统中来分离蛋白质，其缓冲液和凝胶中都未加入能够引起蛋白质变性的物质，因此在电泳过程中仍然保持蛋白质的天然构象、亚基之间的相互作用及其生物活性，根据其电泳迁移率，可得到天然蛋白质的分子量。常规 PAGE 具有以下三个优点：①可以在天然状态下分离生物大分子；②可分析蛋白质和别的生物分子的混合物；③电泳分离后仍然保持生物活性。对于常规 PAGE，缓冲系统选择的首要考虑是保证蛋白质在此系统中的溶解性能、稳定性能以及生物活性，同时要考虑电泳时间和分辨率。因为电荷密度是常规 PAGE 分离蛋白质分子的主要根据之一，所以 pH 显得极为重要。从理论上说，PAGE 可在各种 pH 值进行。但实际上在过酸或过碱的条件下将发生某些水解反应，所以 pH 应限制在 3～10 之间。为保持天然蛋白质的生物活性，可使用的 pH 范围可能更窄。此外，由于各种蛋白质对缓冲系统的离子强度、离子种类和所需辅助因子极其敏感，所以选择合适的离子强度是十分重要的。一般来说，低离子强度比较适合。因为此时导电性低，产生的热较少；同时可使被分离的带电颗粒对电流的贡献最大，从而加快电泳速度。但也不可过低，它必须可以缓冲被分离样品中带电颗粒对凝胶 pH 的影响，且过低的离子强度易导致蛋白质的凝聚。一般来说，离子强度应在 0.01～0.10 mol/L 之间。

(2)SDS-PAGE：蛋白质在常规的 PAGE 中电泳时，其迁移率取决于它所带净电荷以及分子的大小和形状等因素。十二烷基硫酸钠(sodium dodecyl sulfate，SDS)是一种阴离子表面活性剂，它能以一定的比例与蛋白质结合成 SDS-蛋白质复合物。当蛋白质样品用足量的 SDS 和强还原剂如 β-巯基乙醇或二硫苏糖醇(dithiothreitol，DTT)处理时，蛋白质上的二硫键被还原，使所有蛋白质以单体的形式存在；而 SDS 的结合使得各种 SDS-蛋白质复合物都带上相同密度的负电荷，由于它的量大大超过了蛋白质分子本身的电荷量，因此掩盖了不同蛋白质之间原有的电荷差别。此外，SDS 与蛋白质的结合还引起构象改变，使得 SDS-

蛋白质复合物都形成短轴长度一样的长椭圆棒形式。这样的SDS-蛋白质复合物在凝胶中的迁移率就不再受蛋白质原有电荷和形状的影响，而只取决于其分子量的大小。因此，将蛋白质样品预先用SDS和强还原剂处理，同时在聚丙烯酰胺凝胶中加入SDS，进行大分子样品的凝胶电泳，称为SDS-PAGE。SDS-PAGE可用于蛋白质纯度检测和测定蛋白质以及亚基的相对分子质量。

(3)梯度凝胶电泳：聚丙烯酰胺凝胶在制备时，可以让凝胶的浓度从顶部到底部呈梯度变化，如顶部凝胶浓度为4%，底部凝胶浓度为20%。凝胶梯度是通过梯度混合器形成的，高浓度的丙烯酰胺溶液首先加入玻璃平板中，而后溶液浓度呈梯度下降，因此在凝胶的顶部孔径较大，而在凝胶的底部孔径较小。梯度凝胶中也可以加入SDS，并使用浓缩胶。与单一浓度的凝胶相比，梯度凝胶有几个优点：①分离范围宽——梯度凝胶孔径范围比单一凝胶大，相对分子质量较大的蛋白质可以在凝胶顶部大孔径部分得到分离，而相对分子质量较小的蛋白质可以在凝胶底部小孔径部分得到分离；②凝胶电泳的分辨率高——蛋白质在梯度凝胶中迁移，随着凝胶的孔径越来越小，超过孔径大小的蛋白质将不能继续通透迁移，从而使不同分子量大小的蛋白质停留在凝胶的不同层面上。这样电泳过程中蛋白质就被浓缩，集中在一个很窄的区带中，而相对分子质量略小的蛋白质可以迁移得更靠前一些，所以电泳后形成很窄的区带，从而可以分辨出相对分子质量相差较小的蛋白质。

(四)等电聚焦电泳

1. 等电聚焦的基本原理

等电聚焦(isoelectric focusing，IEF)是20世纪60年代建立的蛋白质分离纯化方法。蛋白质是两性电解质，每种蛋白质都具有其特定的等电点。其所带电荷量随着溶液的酸碱度变化而变化。等电聚焦的基本原理就是利用蛋白质或者其他两性分子的等电点不同，在一个稳定的、连续的、线性的pH梯度中进行两性分子的分离分析。

在等电聚焦电泳中，用两性电解质载体或者固定pH梯度凝胶建立一个从正极到负极的pH逐渐增大的pH梯度。蛋白质等两性分子在pH大于其等电点的溶液中带负电荷，向正极泳动；在pH小于其等电点的溶液中带正电荷，向负极泳动。当泳动到pH等于其等电点时，净电荷为零而停止泳动，这种现象叫聚焦作用。如果将等电点不同的蛋白质混合物置于pH梯度支持物中，在电场作用下，经过适当时间的电泳，各组分将分别聚焦在支持物中pH等于各自等电点的区域，形成一个个独立的蛋白质区带。

2. pH梯度的形成

等电聚焦电泳的关键是形成pH梯度的介质。

两性电解质载体：两性电解质载体是人工合成的一系列脂肪族多羧基和多氨基的同系物，相对分子质量在300～1000之间。在直流电场的作用下，这些两性电解质分子能形成一个从正极到负极的pH逐渐升高的平滑连续的pH梯度。理想的两性电解质载体应在等电点处有足够的缓冲能力及电导，前者保证pH梯度的稳定，后者允许一定的电流通过。现有的两性电解质载体由于生产厂家不同，合成方式各异，而有不同的商品名称，如Ampholine(LKB公司)、Biolyte (Bio-Rad公司)、Pharmalyte(Pharmacia公司)等。

固定化pH梯度等电聚焦介质：它是利用一系列具有弱酸或弱碱性质的丙烯酰胺衍生物滴定时，在滴定终点附近时形成pH梯度并参与丙烯酰胺的共价聚合，从而形成稳定的pH梯度。由于该pH梯度不随环境电场条件变化，因此分辨率高，可达到0.001 pH单位，是目前分辨率最高的电泳方法。

(五)毛细管电泳

毛细管电泳(capillary electrophoresis,CE)又称高效毛细管电泳(high-performance capillary electrophoresis,HPCE)或毛细管分离法(CESM),是一类以毛细管为分离通道、以高压直流电场为驱动力,根据样品中各组分之间迁移速度和分配行为上的差异而实现分离的一种液相分离技术。毛细管电泳实际上包含电泳、色谱及其交叉内容,它使得分析化学从微升水平进入纳升水平,并使得单分子分析成为可能。

毛细管电泳是以两个电解槽和与之相连的内径为20～100 μm的毛细管为工具,进行电泳。石英材质的毛细管是毛细管电泳中最常使用的。在pH >3.0的溶液中,石英毛细管柱内壁表面硅羟基(Si—OH)会电离生成SiO^-。由于内壁表面带负电荷,致使与内壁接触的缓冲液带正电荷,因此形成双电层。在高压电场的作用下,双电层一侧的缓冲液由于带正电荷而向负极方向移动,形成电渗流。同时,缓冲液中的带电颗粒在电场的作用下,以不同的速度向其所带电性相反方向移动,形成电泳。在高压电场的作用下,在毛细管缓冲液中的各种带电颗粒由于所带电荷多少、质量、体积以及形状不同等因素,引起迁移速度不同而实现分离。而电渗流的存在加速了分离,并可同时分离正、负电性物质。在毛细管靠负极的一端开一个视窗,可连接各种检测器,直接显示溶液中的各组分以及其含量。目前已有多种灵敏度很高的检测器为毛细管电泳提供质量保证,如紫外检测器(UV)、激光诱导荧光检测器(LIF)、能提供三维图谱的二极管阵列检测器(DAD)以及电化学检测器(ECD)。由于毛细管的管径细小、散热快,即使是高的电场和温度,都不会像常规凝胶电泳那样使胶变性,影响分辨率。

毛细管电泳技术兼有高压电泳及高效液相色谱等优点,主要包括:①所需样品量少,样品体积为纳升级;②分析速度快,分离效率高,分辨率高,灵敏度高;③仪器操作简便,操作模式多,开发分析方法容易。

(六)双向凝胶电泳

双向凝胶电泳(two-dimensional gel electrophoresis,2-DE)又被称作二维凝胶电泳,是指先以一种条件在第一向进行电泳后,再换一种条件在与第一向垂直的方向上进行第二向电泳,如在非变性—变性、氧化—还原、等电点—相对分子质量等成对条件下的连续二维电泳。目前应用最多的双向电泳是等电聚焦-SDS-PAGE,即第一向是以蛋白质电荷差异为分离机制的等电聚焦电泳(IEF-PAGE),第二向是以蛋白质相对分子质量差异为分离机制的SDS-PAGE。样品分别经过电荷和质量的两次分离后,分离的结果不是条带,而是蛋白质斑点。它的分辨率极高,是蛋白质组研究的主要技术平台之一,也是目前所有蛋白质电泳技术中分辨率最高、获取某一样品内蛋白质信息最多的技术。

双向凝胶电泳成功的关键在于建立一套有效的、可重复的样品制备方法。样品制备大体上包括蛋白质的溶解、变性及还原,去除非蛋白质杂质等。样品溶解得不好会减少分离到的蛋白质的量,同时会造成等电聚焦时某些蛋白质的沉淀,从而减少转移到第二相的蛋白质的数量。样品加样量的多少、溶解的好坏、还原是否完全等因素都将很大程度地影响到分离的结果,一些非蛋白质成分也会影响蛋白质的迁移。因此,样品制备的好坏对整个电泳的成功与否至关重要。

第一向分离:目前第一向 IEF-PAGE,通常采用具有固定化 pH 梯度的 IPG

(immobilized pH gradient)胶条及配套的仪器，使等电聚焦基本实现自动化，操作简便，并且重复性良好。

第二向分离：在第一向电泳完成后，胶条需要用含有SDS、在还原条件下的缓冲液平衡，目的是使蛋白质分子在胶条上充分变性，并与SDS充分相互作用。平衡后的胶条再贴到SDS-聚丙烯酰胺凝胶上面。两种凝胶表面需避免夹有气泡，二者的良好接触是双向电泳分离效果的保证。在进行第二向电泳时，由于电流较大，易产热，需要相应的冷却装置，以防止过高的温度或散热不均影响分离效果。

蛋白质的检测鉴定：电泳后凝胶上蛋白质可采用考马斯亮蓝、银染、荧光标记、放射自显影等多种方法检测。由于双向电泳的高分辨率，分离的斑点很难用肉眼进行准确比较和辨别。蛋白质染色后的图谱需要经过图像扫描、计算机数字化处理，以确定每个蛋白质斑点的等电点和相对分子质量，提供蛋白质鉴定的初步信息，建立起蛋白质组数据库。一旦某些蛋白质斑点经过分析鉴定，被确认为感兴趣的蛋白质，即可将这些斑点取出，经过质谱分析并结合蛋白质数据库进行比对，鉴定蛋白质。一般还需要对质谱鉴定结果进行确证实验，如蛋白质印迹分析。

(张云武，李艳芳)

第三章　医学生物化学实验项目

第一节　生物大分子的提取、分离和测定

实验一　动物组织DNA的提取、分离和定量测定

一、实验目的

(1)学习DNA提取的基本原理和方法。

(2)学习和掌握SDS法从肝组织中提取、分离DNA的一般方法。

(3)学习和掌握二苯胺法测定DNA含量的原理和方法。

二、实验原理及临床意义

1. SDS法提取和分离DNA原理

核酸是生物界分布最广的生物大分子之一，普遍存在于脊椎动物的各种有核细胞中。核酸分为脱氧核糖核酸(deoxyribonucleic acid，DNA)和核糖核酸(ribonucleic acid，RNA)。动物组织中的DNA是以DNA-蛋白质复合物的形式存在。在低浓度NaCl溶液中，DNA-蛋白质溶解度小，RNA-蛋白质溶解度大；在高浓度NaCl溶液中，DNA-蛋白质溶解度大，RNA-蛋白质溶解度小；据此可以将DNA和RNA分离。

SDS是一种阴离子表面活性剂，能使蛋白质的氢键和疏水键打开，并结合到蛋白质的疏水部位，引起蛋白质构象改变，使蛋白质变性并与DNA分离。SDS也是一种良好的解离剂，可使蛋白质溶解，形成SDS-蛋白质复合物，并使复合物带负电。

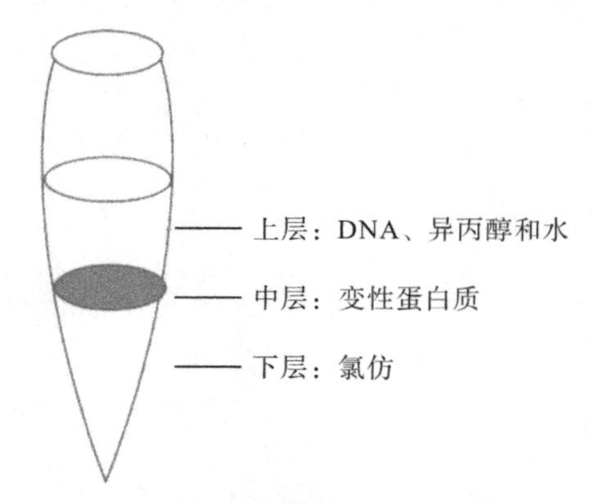

图3-1-1　DNA-蛋白质溶液分层示意

氯仿-异丙醇可以将蛋白质除去，离心后形成3层(图3-1-1)，上层为DNA、异丙醇和水；中层为蛋白质沉淀；下层为氯仿。适量的冷无水乙醇可使DNA沉淀析出。加入EDTA-Na_2(乙二胺四乙酸二钠)可防止DNA酶的降解作用。

A_{260}/A_{280}比值可以用于检测DNA的纯度：$A_{260}/A_{280}=1.8$，为高纯度DNA；A_{260}/A_{280}比值小于1.8，含蛋白质杂质；A_{260}/A_{280}比值大于1.8，含RNA杂质。

2. 二苯胺法测定DNA含量的原理

DNA分子中的脱氧核糖基在酸性溶液中转变成ω-羟基-γ-酮基戊醛，后者与二苯胺试剂作用生成蓝色化合物(λ_{max}=595 nm)。反应式如下：

$$\text{DNA脱氧戊糖基} \xrightarrow{H^+} HO-CH_2-\underset{\underset{O}{\|}}{C}-CH_2-CHO \xrightarrow{\text{二苯胺}} \text{蓝色化合物}$$

在DNA浓度为20～200 μg/mL范围内，吸光度与DNA浓度成正比，可用比色法测定。

3. 临床意义

临床上乙肝、结核病等疾病常常要检测乙肝病毒、结核杆菌的DNA含量，用以判断疾病是否处于活动期，也可用于疾病相关基因的检测与筛查。

三、实验用品

1. 材料

新鲜脊椎动物肝组织。

2. 试剂

(1)提取DNA所需试剂：0.14 mol/L NaCl，0.1 mol/L EDTA，5 mL/L NaCl，20% SDS，氯仿-异丙醇混合液，0.015 mol/L NaCl，0.0015 mol/L 枸橼酸钠，冷无水乙醇。

(2)DNA定量检测所需试剂：样品DNA，DNA标准液(200 μg/mL，取DNA钠盐用5 nmol/L的NaOH配成)，二苯胺试剂[称取纯二苯胺1 g溶于100 mL分析纯的冰醋酸中，再加入10 mL过氯酸(分析纯60%以上)，混匀待用。配成的试剂应为无色，临用前加入1 mL 1.6%的乙醛溶液，贮存于棕色瓶中]。

3. 仪器

离心机、玻璃匀浆器、镊子、剪刀、三角烧瓶、试管、吸管、恒温水浴锅、紫外-可见分光光度计(T6，北京普析通用)。

四、实验步骤及结果计算

1. 提取脱氧核糖核蛋白

(1)取100 mg小鼠肝组织，用15 mL 0.14 mol/L NaCl、0.1 mol/L EDTA洗去血液。

(2)肝匀浆制备：将肝组织剪碎并转移至玻璃匀浆器中，加15 mL 0.14 mol/L NaCl、0.1 mol/L EDTA研磨匀浆，注意不要用力研磨。

(3)3000 rpm离心10 min，弃上清液；沉淀加入0.14 mol/L NaCl、0.1 mol/L EDTA 15 mL轻轻混悬。

(4)3000 rpm离心10 min，弃上清液；沉淀加入0.14 mol/L NaCl、0.1 mol/L EDTA 10 mL使之溶解，转至50 mL三角烧瓶中。

2. 去除蛋白质

(1)加入30%SDS 1 mL混匀，60 ℃水浴轻摇15 min，取出冷却至室温。

(2)加入5 mol/L NaCl 2.75 mL，轻摇10 min。

(3)加入氯仿-异丙醇19 mL(沉淀蛋白)，轻摇20 min，2500 rpm离心10 min。

3. 提取 DNA

(1)吸上清液(水相)转入玻璃离心管(含 DNA),弃沉淀(剩余物)。

(2)加入 1.5 倍体积冰乙醇(无水乙醇)轻摇至 DNA 析出。

4. DNA 样品的稀释和准备

(1)用 3000 rpm 离心 5 min,底部透明或白色沉淀即为 DNA,加入 0.015 mol/L NaCl-0.0015 mol/L 枸橼酸钠缓冲液 1 mL。

(2)将 DNA 原液按照 1∶10、1∶100、1∶1000 三种不同比例,用 0.015 mol/L NaCl-0.0015 mol/L 枸橼酸钠缓冲液稀释,获取不同稀释比例的样品溶液,分别标记为 S1,S2,S3。

5. 标准曲线的绘制及 DNA 样品溶液的测定

按表 3-1-1 加入各种试剂,混匀,于 60 ℃水浴保温 45 min,冷却后,以 0 号管调零,在 595 nm 波长下,于紫外可见分光光度计上比色测定其余各管吸光度,以 1 至 5 号管的吸光度对 DNA 浓度作图,绘制标准曲线。

表 3-1-1　二苯胺法测定 DNA 含量

试剂	管号								
	0(空白管)	1	2	3	4	5	S1	S2	S3
标准 DNA 溶液/mL	0.0	0.4	0.8	1.2	1.6	2.0	1.0	1.0	1.0
枸橼酸钠缓冲液/mL	2.0	1.6	1.2	0.8	0.4	0	1.0	1.0	1.0
二苯胺试剂/mL	4.0	4.0	4.0	4.0	4.0	4.0	4.0	4.0	4.0
A_{595}									

6. DNA 样品含量的计算

对照标准曲线,根据所测得的各样品管的吸光度,依据朗伯比尔定律,求得 DNA 的质量。请记录本次实验求得的样品中 DNA 的质量:

样品中 DNA 的质量=S1,S2 和 S3 的样品中 DNA 质量的平均值。

然后,按式(3-1-1)计算 100 mg 小鼠肝组织中 DNA 含量:

$$\text{DNA 的质量分数}=\frac{\text{样品中 DNA 的质量}(\mu g)}{\text{样品的质量}(\mu g)}\text{mn}\times 100\% \quad (3\text{-}1\text{-}1)$$

请记录本次实验结果:DNA 的质量分数=__________。

7. DNA 样品纯度测定

本实验也可直接在紫外分光光度计上测 A_{260}/A_{280}(用 0.015 mol/L NaCl - 0.0015 mol/L 枸橼酸钠缓冲液作空白)。

(1)DNA 浓度(μg/mL)=$A_{260}\times 50\times$稀释倍数。

请记录本次实验的结果:________。

(2)DNA 纯度:通过检测并计算 A_{260}/A_{280} 比值来判断。

请记录本次实验的结果:__________。

五、注意事项

(1)为尽可能避免DNA高分子的断裂,在实验过程中必须注意:①研磨时上下用力,应保持低温,研磨时间应短,勿用玻璃匀浆器;②实验中使用的吸取DNA水溶液的滴管管口需粗而短,并烧成钝口;③抽提时勿剧烈振摇。

(2)保持DNA活性,避免酸、碱或其他变性因素使DNA变性。

(3)加入氯仿-异丙醇后勿剧烈摇动,以免高分子断裂。

(4)有机溶剂对人体有害,操作时要在通风橱中进行。

(5)其他糖及糖的衍生物、芳香醛、羟基醛和蛋白质等,对此反应干扰,测定前尽量除去。

(6)在二苯胺试剂中加入乙醛,可加深反应产物的显色量,从而增加对DNA含量的灵敏度,也可减少脱氧木糖和阿拉伯糖等的干扰。

(7)实验所用的玻璃仪器须清洁、干燥。

(8)DNA的提取是本次实验成败的关键。若DNA样品中混有RNA,可以用RNase除去;若混有蛋白,则需用氯仿-异戊醇抽提法除去。因此,在DNA提取过程中,吸取上清液时切勿吸取到中间蛋白层。可用无水乙醇反复洗涤两三次。

六、思考题

(1)如何判断样品中有蛋白质存在?可采取什么方法进一步纯化?

(2)简述常用的DNA定量分析方法。

(3)能引起DNA变性的因素有哪些?

(4)怎样区分DNA降解和DNA变性?

(郑红花)

实验二　酵母 RNA 的提取、分离和定量测定

一、实验目的

(1)学习 RNA 提取的基本原理和方法。

(2)学习和掌握稀碱法从酵母中提取、分离 RNA 的一般方法。

(3)学习和掌握苔黑酚法测定 RNA 含量的原理和方法。

二、实验原理及临床意义

1. 稀碱法提取和分离 RNA 原理

酵母核酸中 RNA 含量较多,RNA 可溶于碱性溶液中,当碱被中和后,可加乙醇使其沉淀,由此即可得到粗 RNA 样品。用此法提取的 RNA 有不同程度的降解,可以尽量在冰上快速进行。

A_{260}/A_{280} 比值可以用于检测 RNA 的纯度:$A_{260}/A_{280}=2.0$,为高纯度 RNA;A_{260}/A_{280} 比值小于 2.0,含蛋白质和/或 DNA 杂质;A_{260}/A_{280} 比值大于 2.0,含其他杂质。

2. 苔黑酚法测定 RNA 含量的原理

RNA 分子中的核糖基在酸性溶液中转变成 α-呋喃甲醛,后者与苔黑酚(3,5-二羟甲苯)试剂作用生成绿色化合物($\lambda_{max}=670$ nm)。反应式如下:

$$\text{RNA 戊糖基} \xrightarrow{H^+} \alpha\text{-呋喃甲醛} \xrightarrow{\text{苔黑酚}} \text{蓝色化合物}$$

在 RNA 浓度为 10～100 μg/mL 范围内,吸光度与 RNA 浓度成正比,可用比色法测定。

3. 临床意义

临床上可用于检测丙型肝炎病毒或艾滋病病毒等 RNA 病毒的复制情况。

二、实验用品

1. 材料

新鲜酵母。

2. 试剂

(1)提取 RNA 所需试剂:0.2% NaOH 溶液(将 2 g NaOH 溶于蒸馏水并稀释至1000 mL),乙酸(A.R.①),95%乙醇,无水乙醚(A.R.)。

(2)RNA 定量检测所需试剂:样品 RNA,RNA 标准液(100 μg/mL,用 RNase-free 的蒸馏水配成),苔黑酚—三氯化铁试剂(称取纯苔黑酚 100 mg 溶于 100 mL 分析纯的浓盐酸

---

① A.R.即分析纯(analytical reagent),是化学试剂的一种纯度规格,属于二级品。

中，再加入 100 mg A.R.级别的 $FeCl_3 \cdot 6H_2O$，混匀待用，临用时配制）。

3. 仪器

离心机、玻璃匀浆器、镊子、剪刀、电子天平、三角烧瓶、试管、吸管、恒温水浴锅、紫外-可见分光光度计（T6，北京普析通用）。

三、实验步骤及结果计算

1. 提取 RNA

（1）取 100 mg 新鲜酵母，加入 0.2% NaOH 溶液 40 mL，沸水浴加热 30 min，经常搅拌。

（2）冷却后加入乙酸数滴，使提取液呈酸性（pH 5.0～6.0，用 pH 试纸检测），4000 rpm 离心 15 min。

（3）取上清液，加入 2 倍体积的 95%乙醇，边加边搅。静置约 15 min，待完全沉淀，4000 rpm 离心 5 min，彻底弃上清液。

（4）沉淀加入无水乙醚 10 mL 轻轻混悬洗涤 2 次，每次 3000 rpm 离心 5 min，弃上清液。沉淀即为 RNA。

（5）向沉淀加入 RNase-free 的蒸馏水 5 mL，即得 RNA 液。

2. RNA 样品的稀释和准备

将 RNA 原液按照 1∶10、1∶100、1∶1000 三种不同比例，用 RNase-free 的蒸馏水稀释，获取不同稀释比例的样品溶液，分别标记为 S1、S2、S3。

3. 标准曲线的绘制及 RNA 样品溶液的测定

按表 3-1-2 加入各种试剂，混匀，于沸水浴中 45 min，冷却后，以 0 号管调零，在 670 nm 波长下，于紫外可见分光光度计上比色测定其余各管吸光度，以 1 至 5 号管的吸光度对 RNA 浓度作图，绘制标准曲线。

表 3-1-2　苔黑酚法测定 RNA 含量

试　剂	管　号								
	0	1	2	3	4	5	S1	S2	S3
标准 RNA 溶液/mL	0.0	0.4	0.8	1.2	1.6	2.0	1.0	1.0	1.0
RNase-free 蒸馏水/mL	2.0	1.6	1.2	0.8	0.4	0	1.0	1.0	1.0
苔黑酚试剂/mL	2.0	2.0	2.0	2.0	2.0	2.0	2.0	2.0	2.0
A_{670}									

4. RNA 样品含量的计算

对照标准曲线，根据所测得的各样品管的吸光度，依据朗伯比尔定律，求得 RNA 的质量。请记录本次实验求得的样品中 RNA 的质量：

样品中 RNA 的质量＝S1、S2 和 S3 的样品中 RNA 质量的平均值。

然后，按式（3-1-2）计算 100 mg 酵母组织中 RNA 含量：

$$\text{RNA 的质量分数}=\frac{\text{样品中 RNA 的质量}(\mu g)}{\text{样品的质量}(\mu g)}\times 100\% \tag{3-1-2}$$

请记录本次实验结果：RNA 的质量分数＝________。

5. RNA 样品纯度测定

本实验也可直接在紫外分光光度计上测 A_{260}/A_{280}（用 RNase-free 的蒸馏水作空白）。

(1)RNA 浓度(μg/mL)＝A_{260}×50×稀释倍数。

请记录本次实验的结果：__________。

(2)RNA 纯度：通过检测并计算 A_{260}/A_{280} 比值来判断。

请记录本次实验的结果：__________。

四、注意事项

(1)用 NaOH 提取时必须为沸水浴，才能保证酵母细胞壁变性、裂解完全。

(2)取上清液应小心吸取，不要将下层的细胞残渣吸入。

(3)离心后细胞残渣较黏，应用纸包裹后丢进垃圾桶，不能直接冲入水槽。

(4)显色反应必须在沸水浴中进行以保证反应完全，且须用薄膜封口以防止水分蒸发。

(5)苔黑酚试剂由浓盐酸配置而成，因此测吸光度时比色皿应加盖，操作时注意不要将溶液洒到仪器上，以免腐蚀仪器。

(6)实验所用的玻璃仪器须清洁、干燥。

(7)苔黑酚法检测 RNA 浓度灵敏度高。样品中含有蛋白质杂质时，应先用 5%三氯醋酸溶液将蛋白质沉淀后再测定，否则将影响测定；有较多的 DNA 存在时，亦会发生干扰，可在试剂中加入适量 $CuCl_2 \cdot H_2O$，可减少 DNA 的影响。

五、思考题

(1)提取 RNA 的过程中加入乙酸有什么作用？

(2)提取 RNA 过程中如何除去含有的蛋白质或 DNA 杂质？

(3)哪些实验环节可以提高获取的 RNA 的纯度？

（郑红花）

实验三　肝糖原的提取和鉴定

一、实验目的

(1)学会和掌握肝糖原提取和鉴定的原理和方法。

(2)正确掌握使用离心机的方法步骤。

二、实验原理及临床意义

糖原存储于肝细胞和肌细胞质中,细胞破碎后,糖原会被释放出来。采用蛋白变性剂使破碎液中的蛋白质变性、沉淀,以除去对糖原有降解作用的酶,而糖原仍保留在上清液中。糖原不溶于乙醇而溶于热水,因此可用乙醇将糖原沉淀以进一步纯化。然后,将糖原溶于热水中。

糖原水溶液外观具有乳样光泽,有碘存在时呈现棕红色。糖原是由葡萄糖聚合而成的高分子,具有螺旋结构,通过分子间力吸附碘分子而显色。在强酸性介质中,糖原发生降解而得到葡萄糖,葡萄糖可与班氏试剂发生显色反应,从而显示糖原的存在。相关反应式如下:

$$CuSO_4 + 2NaOH = Na_2SO_4 + Cu(OH)_2 \downarrow$$

$$2Cu(OH)_2 + C_6H_{12}O_6 = 2CuOH + \text{氧化型葡萄糖} + H_2O$$

$$2CuOH = Cu_2O + H_2O$$

三、实验用品

1. 材料

小鼠肝脏、滤纸。

2. 试剂

5%三氯乙酸、10%三氯乙酸、95%乙醇、碘—碘化钾溶液、浓盐酸、20% NaOH 溶液、班氏试剂。

3. 仪器

研钵、剪刀、离心机、水浴锅。

四、实验步骤及结果

1. 肝糖原提取

(1)采用麻醉脱臼法处死白鼠,立即取出肝脏,迅速以滤纸吸去附着的血液。称取肝组织约 2 g,置研钵中,加入 10%三氯乙酸 2 mL,用剪刀把肝组织剪碎,再加石英砂少许,研磨 5 min。

(2)再加 5%三氯乙酸 4 mL,继续研磨 1 min,至肝脏组织已充分磨成糜状为止,转入离心管,然后以 2000 rpm 离心 10 min。

(3)小心将离心管上清液转入另一个离心管中,加入同体积的 95%乙醇,混匀后,此时糖原成絮状沉淀析出。

(4)溶液以 2000 rpm 离心 10 min。弃去上清液,并将离心管倒置于滤纸上 1~2 min。

(5)在沉淀内加入蒸馏水 2 mL,用细玻璃棒搅拌沉淀至溶解,即糖原溶液。

2. 鉴定

(1)取 2 支小试管 A、B,试管 A 加糖原溶液 10 滴,试管 B 加蒸馏水 10 滴,然后在两管中各加碘—碘化钾溶液 1 滴,混匀,比较两管溶液颜色有何不同。

(2)再取 2 支小试管甲、乙,将剩余的糖原溶液平分倒入两试管,试管甲加浓盐酸 3 滴,试管乙加蒸馏水 3 滴,将两管在沸水浴中加热 10 min 以上。取出冷却,试管甲中逐滴加入 20% NaOH 溶液,并用 pH 试纸检验,直至溶液呈中性。试管乙中加入同等滴数的蒸馏水。

(3)向甲、乙两试管各加入班氏试剂 2 mL,再置沸水浴中加热 5 min,取出冷却。观察有无沉淀生成。

3. 实验结果

将实验结果制成如表 3-1-3 样式。

表 3-1-3 肝糖原提取实验结果

试　管	试管 A	试管 B	试管甲	试管乙
现象记录				

五、注意事项

(1)实验小白鼠在实验前必须饱食。

(2)麻醉脱臼法处死小白鼠:手提着小白鼠尾巴,将其从笼子里取出,对小鼠进行麻醉,然后使其四脚着地,另一只手按着小白鼠耳后,尾巴向外拉,使其脊柱断节,背部脊髓断裂,进而四肢瘫痪。

(3)肝脏离体后,所得肝脏必须迅速以三氯乙酸处理。

(4)研磨应充分,这是实验成败的关键。

(5)试管甲中溶液必须调至中性或偏碱性。

六、思考题

(1)为什么实验用的小鼠实验前必须饱食?

(2)使用三氯乙酸的目的是什么?

(3)附着在肝脏上的血液为何必须吸去?

(李东辉)

实验四　肝组织总蛋白的提取和鉴定

一、实验目的

(1)学习组织蛋白提取的基本原理和方法。

(2)学习分光光度定量分析法的原理。

(3)学习和掌握双缩脲法检测蛋白质浓度的原理和方法。

(4)学习并掌握标准工作曲线进行物质定量分析的原理与方法。

二、实验原理及临床意义

1. 蛋白质的提取

大部分蛋白质都可溶于水或盐缓冲液,少数与脂类结合的蛋白质则溶于乙醇、丙酮、丁醇等有机溶剂中,因此可采用不同溶剂提取分离蛋白质。RIPA 裂解液是一种传统的细胞组织快速裂解液,含有可溶解蛋白的去垢剂,对动物细胞胞膜、胞质、胞核蛋白均有较强裂解作用。蛋白质提取时为避免其降解,通常采用低温(4 ℃或冰浴)操作,并在溶液中加入蛋白水解酶抑制剂如苯甲基磺酰氟(PMSF)。

2. 蛋白质浓度的测定

蛋白提取之后需要对其浓度进行测量鉴定,测量方法常见的有:微量凯氏定氮法、紫外分光光度法、Folin-酚试剂法(Lowry 法)、考马斯亮蓝染色法、2,2-联喹啉-4,4-二甲酸二钠(bicinchoninic acid,BCA)法,以及双缩脲法等。依据样品规模和精确度等要求,可选用不同测量方法,本实验将采用双缩脲法检测提取的肝组织总蛋白的浓度。

双缩脲法是一种简便、快速、较灵敏的蛋白质分析技术,鉴定灵敏度可达到 1～10 mg 蛋白量。双缩脲试剂是一种碱性的含铜试液,呈蓝色,当底物中含有肽键时(多肽),试剂中的铜与肽键发生双缩脲反应,形成紫红色复合物(图 3-1-2),颜色深浅与蛋白质浓度成正比。双缩脲显色反应仅和蛋白质中肽键数成正比关系,而与蛋白质的种类、分子量及氨基酸的组成无明显关系,各种蛋白质的显色程度基本相同,重复性好,干扰少,常见干扰大多可以避免。本法唯一的缺点是灵敏度较低,比酚试剂法低约 100 倍。但本法的检出限为 0.2～1.7 mg 蛋白质/mL,已能满足临床生化检验的需要,因此是临床测定血清总蛋白质首选的最方便、实用的常规方法。双缩脲反应后于 540 nm 下比色,可以通过标准蛋白质的标准曲线求出样品当中的蛋白质浓度。

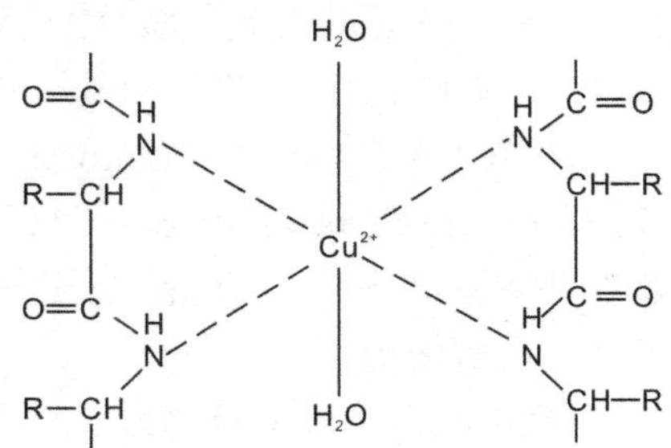

图 3-1-2　双缩脲反应产物

3. 分光光度法测定物质含量的原理和方法

许多物质溶液具有特定的颜色,有色溶液所呈现的颜色是由于溶液中的物质对光的选择性吸收所致。不同的物质由于其分子结构不同，对不同波长光的吸收能力也不同，因此具有其特有的吸收光谱。即使是相同的物质由于其含量不同，对光的吸收程度也不同。利用物质所特有的吸收光谱来鉴别物质或利用物质对一定波长光的吸收程度来测定物质含量的方法，称为分光光度法。分光光度法具有灵敏、精确、快速和简便等优点，在复杂组分的系统中，也不需要对其进行分离，因此，目前已成为生物化学研究中广泛使用的测定方法之一。

朗伯—比尔（Lambert-Beer）定律是分光光度法的基本原理。当一束单色光通过一均匀的溶液时，一部分被吸收，一部分透过，设入射光的强度为 I_0，透射光强度为 I，则 I/I_0 为透光度，用 T 表示。还可以用吸光度（A）来表示溶液对光的吸收程度，吸光度（A）与透光度（T）呈负对数关系，即：$A=-\lg T$。

朗伯—比尔定律发现，当溶液的液层厚度不变时，溶液的浓度越大，对光的吸收程度越大。同样，当溶液浓度不变时，溶液的液层厚度越大，对光的吸收程度越大。以上定律用公式表示，即：$A=\varepsilon lc$。公式中 ε 是摩尔吸光系数，为溶液中该吸光物质的特征常数；c 为该物质的浓度；l 为液层厚度，即实验所用分光光度计比色皿的厚度，通常为 1 cm（图 3-1-3）。由此可见，在相同测量条件下，对同种物质而言，吸光度（A）只与溶液浓度（c）成正比，因此可通过测量吸光度（A）求得溶液浓度（c）。

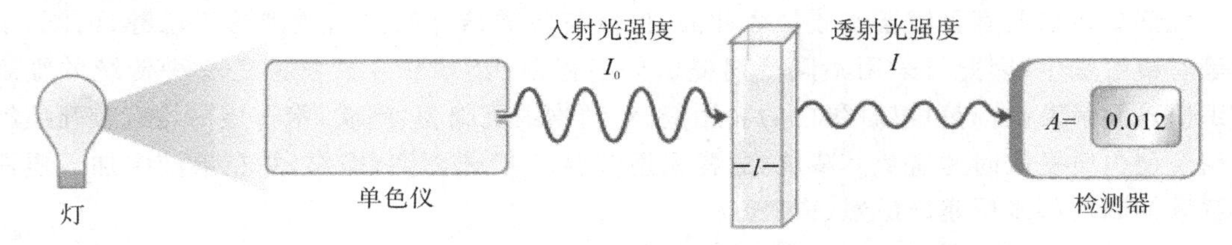

图 3-1-3　分光光度计原理示意图

利用分光光度法对物质进行定量测定的方法主要有标准管法、标准曲线法、摩尔吸光系数法等，详见前述第二章分光光度技术，本实验采用标准曲线法。

三、实验用品

1. 材料

新鲜脊椎动物肝组织。

2. 试剂

（1）0.01 mol/L 磷酸盐缓冲液（PBS，pH 7.4）：首先，配制 0.2 mol/L 的 KH_2PO_4 溶液（A 液）和 0.2 mol/L 的 Na_2HPO_4 溶液（B 液）；其次，取 38 mL A 液和 162 mL B 液，加入 32.76 g NaCl，加水定容至 4000 mL。

（2）RIPA 裂解液：50 mmol/L Tris，150 mmol/L NaCl，1% Triton X－100，1% 胆氧胆酸钠（sodium deoxycholate），0.1% SDS，用 HCl 调 pH 值到 7.4。再配制 100 mmol/L 的苯甲基磺酰氟（PMSF）贮液，置于－20 ℃冻存备用，使用之前再按照 1%的比例将 PMSF 贮液加入裂解液中。

（3）6 mol/L NaOH 溶液。

（4）双缩脲试剂：称取硫酸铜结晶（$CuSO_4 \cdot 5H_2O$）1.5 g 溶于新鲜制备的蒸馏水（或煮沸冷却的去离子水）500 mL 中，加入酒石酸钾钠（$NaKC_4H_4O_6 \cdot 4H_2O$，用以结合 Cu^{2+} 防止

CuO 在碱性条件下沉淀)6 g 和 KI(防止碱性酒石酸铜自动还原并防止 Cu_2O 的离析)1 g，待完全溶解后，在搅拌下加入 6 mol/L NaOH 溶液 125 mL，并用蒸馏水稀释至 1 L，置塑料瓶中盖紧保存。此试剂室温下可稳定半年，若贮存瓶中有黑色沉淀出现，则需要重新配制。

(5)蛋白标准液：先用牛血清白蛋白(albumin from bovine serum，BSA)配制成 2 mg/mL 母液，再根据情况稀释成不同浓度标准溶液。

3. 仪器

解剖器械、平皿、眼科剪、小镊子、匀浆器、1.5 mL 离心管、试管、移液器、冰盒、紫外-可见分光光度计(T6，北京普析通用)、水浴锅。

四、实验步骤及结果计算

1. 肝组织蛋白的提取

(1)取出动物肝组织置于平皿中，加入 PBS 漂洗，切下约黄豆大小的肝组织放入手动匀浆器中，在冰上迅速碾磨直至无可见颗粒。

(2)在 1.5 mL 离心管中加入 RIPA 裂解液，冰上放置 20～30 min，中间间歇振荡混匀。

(3)4 ℃离心，12000 rpm 离心 15 min。

(4)取出离心管放在冰上，小心吸取上清备用。

2. 双缩脲法测定蛋白质浓度

(1)取 15 支试管，贴上标签，按表 3-1-4 添加相应试剂，其中除 0 号空白管外，其余各管包括 BSA(牛血清白蛋白)标准样品 1～6 号管和蛋白样品管均做一个重复。

(2)各管混匀后，加入双缩脲试剂 3.0 mL，于 37 ℃水浴锅反应 30 min。

(3)使用分光光度计，以 0 号空白管调零，测定各管溶液在 540 nm 处的光吸收值，将结果记录下来(表 3-1-4-1)。

(4)计算两个重复管光吸收值的平均值(表 3-1-4)，并以 BSA 含量为横坐标，A_{540} 平均值为纵坐标，用 Microsoft Excel 等软件绘制标准曲线。

(5)根据样品的 A_{540} 从标准曲线上求得样品中的蛋白质含量(mg)，再根据样品的体积计算出样品中的蛋白质浓度。

表 3-1-4　双缩脲法测定蛋白质浓度

试　剂	管　号							
	0	1	2	3	4	5	6	样品
2 mg/mL BSA 体积/mL	0	0.3	0.6	1.2	1.8	2.4	3.0	—
上清体积/mL	—	—	—	—	—	—	—	3.0
蒸馏水/mL	3.0	2.7	2.4	1.8	1.2	0.6	0	0
A_{540}								
A_{540} 平均值								

五、注意事项

(1)吸光度须在显色后 30 min 内测定,且各管由显色到比色,时间应尽可能一致。

(2)样品蛋白质含量应在标准曲线范围内。

(3)分光光度计比色皿的使用要正确。

(4)各试剂需用移液器准确量取。

六、思考题

(1)分光光度计比色皿使用有哪些注意事项?

(2)肝脏提取蛋白浓度在什么病理条件下会升高或降低?

(李艳芳)

实验五　血红蛋白的提取和分离

一、目的要求

(1)学习蛋白质制备的基本原理和方法。

(2)学习和掌握从血液中提取、制备血红蛋白的一般方法。

二、实验原理及临床意义

血红蛋白是生物界分布最广的一种蛋白质,普遍存在于脊椎动物的红细胞中。在人的红细胞中的浓度约为34%,占红细胞总质量的90%,每一个红细胞约含 2.8×10^9 个血红蛋白分子。

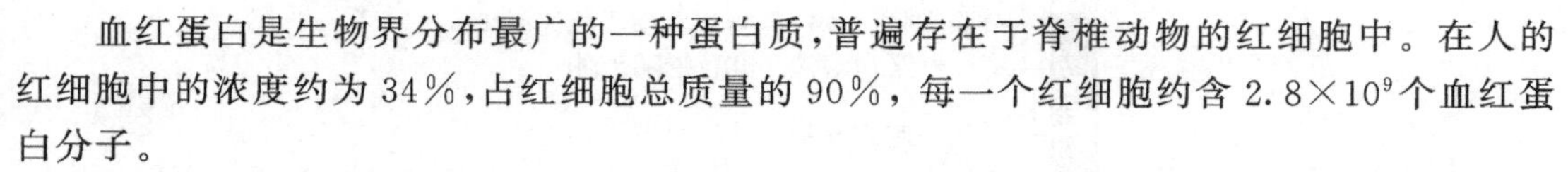

常用冻融溶血法和一般提取法提取血红蛋白。冻融法费时较长,需使用特殊缓冲介质,但能完整保留各类血红蛋白,适于科学研究或临床检验、鉴定所采用。一般提取法简便快速,适于一般实验和工业制备。

本实验采用有机溶剂红细胞破碎法提取血红蛋白。血液先用枸橼酸钠抗凝,后用生理盐水洗涤红细胞以除去血浆蛋白和白细胞。洗净的红细胞以甲苯—水介质溶血,释放血红蛋白。通过离心、过滤、分液等分离步骤分出血红蛋白,再通过透析法去除小分子,进一步纯化血红蛋白粗品。

三、实验用品

1. 材料

新鲜脊椎动物血液(兔血,抗凝处理);透析袋。

2. 试剂

(1)枸橼酸钠:抗凝用,100 mL 血液加入 3.0 g 枸橼酸钠。

(2)生理盐水:0.9%的 NaCl 溶液,即 9.0 g NaCl 配成 1 L 的溶液。

3. 仪器

离心机、磁力搅拌器。

四、实验步骤

1. 红细胞的洗涤

洗涤红细胞的目的是去除杂蛋白,以利于后续的分离和纯化。采集的血样(每组取抗凝血 4 mL)须及时分离红细胞,分离时采用低速、短时间离心(2500 rpm 离心 3 min.)。然后用吸管吸出上层透明的黄色血浆。将下层暗红色的红细胞液体倒入烧杯,加入 5 倍体积的生理盐水,缓慢手动匀速搅拌数分钟,使溶液体系混匀,以 2500 rpm 离心 3 min。如此重复洗涤 3 次,直至上清液不再呈现黄色,表明红细胞已洗涤干净。

2. 血红蛋白的释放

将洗涤好的红细胞倒入烧杯中，加蒸馏水至原血液的体积，再加 40%体积的甲苯，置于磁力搅拌器上充分搅拌(搅拌器上最大的转速)10 min。在蒸馏水和甲苯的作用下，红细胞破裂，释放出血红蛋白。

3. 分离血红蛋白溶液

将上述混合液移至 15 mL 塑料离心管中，4000 rpm 离心 10 min，注意观察溶液的分层情况：可观察到试管中的溶液分为 4 层(图 3-1-4)。从上往下，第一层无色透明，为甲苯层；第二层为白色薄层固体，是脂溶性物质的沉淀层；第三层为红色透明液体，为血红蛋白溶液；第四层为其他杂质的暗红色沉淀物。以细长滴管小心吸取第三层的红色透明液体，用于下一步实验。

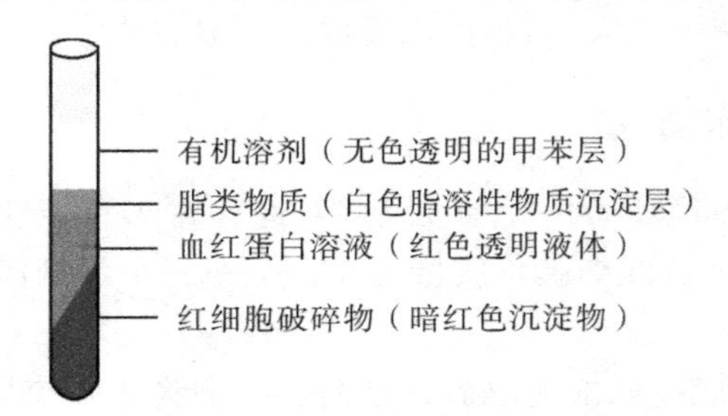

图 3-1-4　血红蛋白的分离提取

4. 透析

每组取 1 mL 血红蛋白溶液进行透析。

将血红蛋白溶液装入透析袋中，再将透析袋放入 300 mL 的 20 mmol/L 磷酸缓冲液中(pH 7.0)，透析 12 h。

五、注意事项

(1)观察所处理的血液样品离心后是否分层，如果分层不明显，可能是洗涤次数少，未能较好除去血浆蛋白的原因。

(2)离心速度过高和时间过长，会使白细胞和淋巴细胞一同沉淀，也得不到纯净的红细胞，进而影响后续血红蛋白的提取纯度。

六、思考题

(1)释放血红蛋白的步骤中，加入甲苯的目的是什么？可不可以采用其他有机溶剂？试讨论之。

(2)在实验步骤 1 中，为什么要低速、短时离心？为什么要缓慢搅拌？

(3)鸟类血液和哺乳动物血液中，最好选用哪种血液来提取血红蛋白？为什么？

(李东辉)

实验六　凝胶过滤层析纯化血红蛋白

一、实验目的

(1)学习和掌握凝胶过滤层析分离蛋白质的原理与方法。

(2)通过凝胶过滤柱层析对血红蛋白进行纯化。

二、实验原理及临床意义

1. 凝胶过滤层析原理

凝胶过滤层析(gel filtration chromatography)又称为分子排阻层析或分子筛层析,主要是根据蛋白质的大小和形状,即蛋白质的分子量对其进行分离和纯化。层析柱中的填充材料为具有一定孔径的多孔亲水性凝胶,主要是交联的聚糖类物质(如葡聚糖或琼脂糖),这种凝胶具有网状结构,其交联度或网孔大小决定了凝胶的分级范围。当把这种凝胶装入一根细的玻璃管中,使不同蛋白质的混合溶液从柱顶流下,由于网孔大小的影响,对不同大小的蛋白质分子将发生不同的排阻现象。比网孔大的蛋白质分子不能进入网孔内而被排阻在凝胶颗粒周围,先随着溶液往下流动。而比网孔小的蛋白质分子可进入凝胶颗粒,被较慢地洗脱下来。蛋白质分子比网孔小的程度不同,因此流出的速度不同,较大的分子先被洗脱下来,而较小的分子后被洗脱下来,从而达到分离目的(图 3-1-5)。

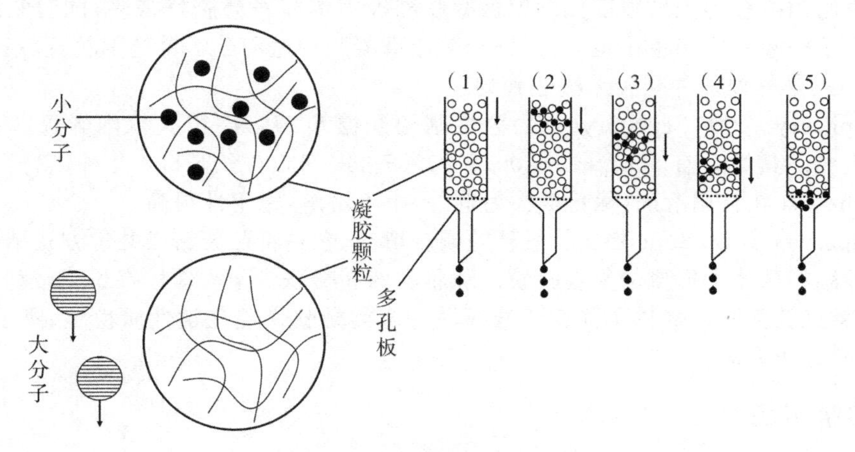

图 3-1-5　凝胶过滤层析原理

在一根凝胶柱中,颗粒间自由空间所含溶液的体积称为外水体积 V_o,不能进入凝胶孔径的蛋白质大分子,当洗脱体积为 V_o时,先被洗脱下来,出现洗脱峰Ⅰ。凝胶颗粒内部孔穴的总体积称为内水体积 V_i,能全部进入凝胶的那些小分子,当洗脱体积为 V_o+V_i时出现洗脱峰Ⅲ。介于其间的分子将在洗脱体积为 V_o+V_e时出现洗脱峰Ⅱ(图 3-1-6)。

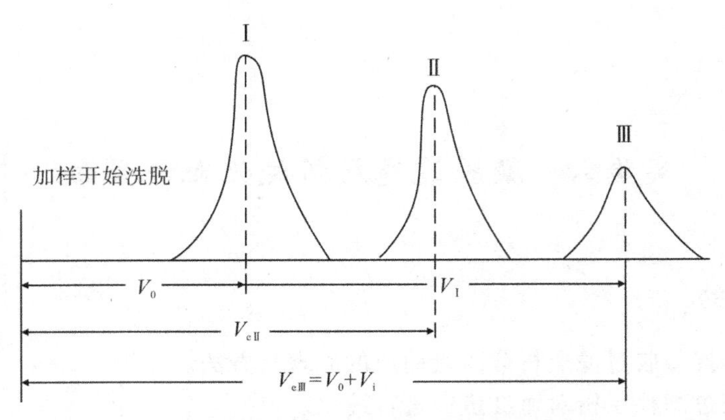

图 3-1-6 凝胶过滤层析洗脱过程示意图

2. 凝胶的种类

用作凝胶过滤层析的载体物质常用的有交联葡聚糖、聚丙烯酰胺、琼脂糖等。

(1)交联葡聚糖凝胶:交联葡聚糖商品名为 Sephadex,它的原料是细菌分泌的链状葡聚糖,通过交联剂交联而成。交联剂添加越多,孔径越小,吸水量也就越小,反之越大。商品 Sephadex 以 G 值表示其不同交联度,G 值越大,表示凝胶内孔穴越大,吸水量也越大。G 后边的数字表示每克干胶可吸水量的 10 倍,如 G-25 表示每克干胶可吸附 2.5 克水。

(2)聚丙烯酰胺凝胶:聚丙烯酰胺凝胶是丙烯酰胺和 N,N'-甲叉双丙烯酰胺聚合而成。这种凝胶的商品名为 Bio-gel P。其孔穴大小也是随交联增多而减少,并用 P 值表示不同的交联度,P 值越大,孔径也越大。

(3)琼脂糖凝胶:琼脂糖是从海藻琼脂中分离,其中不带电荷的中性组成成分,为 D-半乳糖和脱水 L-半乳糖相间、重复结合而成的链状化合物。琼脂糖的商品名为 Sepharose 或 Bio-gel。琼脂糖凝胶的机械强度比葡聚糖凝胶和聚丙烯酰胺凝胶好得多,同时它对生物大分子等高分子的吸附作用也小得多。另外,琼脂糖凝胶的适用分子量范围较宽,最大可以到 10^8 kD,这一点是另外两种凝胶无法达到的。

(4)Sephacryl 凝胶:Sephacryl 是由丙烯基葡聚糖和 N,N'-甲叉双丙烯酰胺共价交联而成的硬凝胶。其类型有 Sephacryl-100、S-200、S-300、S-400 和 S-500 几种,它们都是超细颗粒。Sephacryl 在常用溶剂(除化学去垢剂外)中不溶解,稳定性很高。

(5)Superdex 凝胶:Superdex 是最新的凝胶填料,它是将葡聚糖以共价方式结合到高交联的多孔琼脂糖珠体上形成的复合凝胶。琼脂糖的高交联骨架为珠体提供了较稳定的物理化学性质,葡聚糖为介质提供了优良的选择性。这类凝胶物理化学性质稳定,刚度强,适用于高流速,且分辨率高。

三、实验用品

1. 材料

Sephadex G-75,透析后的血红蛋白溶液。

2. 试剂

0.01 mol/L PBS 洗脱液(磷酸盐缓冲液 pH 7.4)。

首先,配制 0.2 mol/L 的 KH_2PO_4 溶液(A 液)和 0.2 mol/L 的 Na_2HPO_4 溶液(B 液),再取 38 mL A 液和 162 mL B 液,加入 32.76 g NaCl,加水定容至 4000 mL。

3. 仪器

凝胶柱、铁架台、升降台、核酸蛋白检测仪、部分自动收集器、无纸记录仪

四、实验步骤及结果计算

(一)凝胶的选择与处理

1. 凝胶及层析柱的选择

(1)凝胶必须是惰性的，任何带电荷的凝胶，或对分离物质有亲和力者，都将干扰分离效果。

(2)粒子的大小与孔径选择：凝胶粒子必须分散均匀，能够较快地扩散以及有效地分离。高分子物质必须能够扩散到凝胶内才能起到分子筛的效应，不同型号的凝胶皆有各自的排阻极限。

(3)层析柱装置(图 3-1-7)：层析柱的规格要根据分离样品的性质和目的来定，最常用的是内径 2.5 cm(2～4 cm)，长度为 100 cm(40～100 cm)的玻璃柱。

根据血红蛋白的分子量，本实验凝胶选择 Sephadex *G*-75，选用 1.5 cm 直径，60 cm 长的凝胶柱。

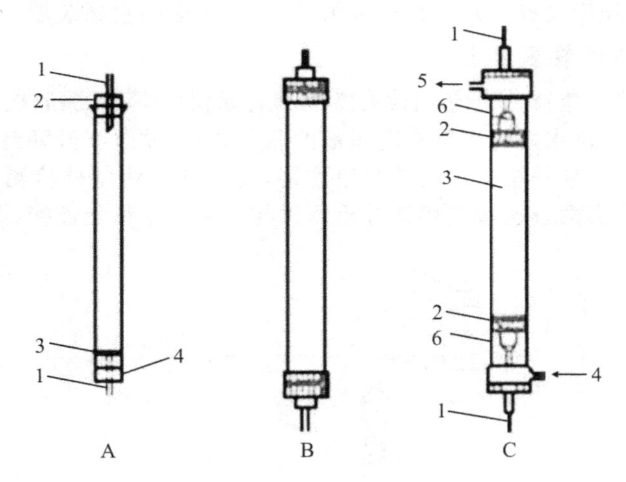

A—自制简易层析柱（1—玻璃管；2—橡皮塞；3—尼龙网）。B—普通商品柱。
C—双底板层析柱（1—洗脱液出口；2—多孔底板；3—柱床；4—恒温水进口；5—恒温水出口；6—可调节的塞子）。

图 3-1-7　凝胶过滤层析柱示意图

2. 凝胶的处理

为了获得合适的流速和良好的分离，凝胶粒子在使用前需经一定处理，主要是将凝胶的保存液更换为分离蛋白质的洗脱液，对于 Sephadex 系列凝胶在使用前需充分膨胀与浮选。凝胶型号选定后，将干胶颗粒悬浮于 5～10 倍量的蒸馏水或洗脱液中充分溶胀，溶胀之后将极细的小颗粒倾泻出去。自然溶胀费时较长，加热可使溶胀加速，即在沸水浴中将湿凝胶浆逐渐升温至近沸，1～2 h 即可达到凝胶的充分溶胀。加热法既可节省时间又可消毒。

(二)装柱

(1)取适当长度的层析柱，底部铺上尼龙筛网或玻璃丝，以不漏粒子为准。

(2)用 PBS 缓冲液饱和凝胶粒子,置室温 1 小时后上柱。气体在低温时易溶于溶液中,室温时易释放出来,也可用超声脱气将气泡赶走。分离时气泡的溢出将干扰分离效果,破坏柱内填料的结构,应予以避免,故样品不宜从冰箱中取出就立即上柱。

(3)先关闭层析柱出水口,向柱管内加入约 1/3 柱容积洗脱液,然后边搅拌,边将薄浆状的凝胶液连续倾入柱中,使其自然沉降。等凝胶沉降约 2～3 cm 后,打开柱的出口,调节合适的流速,使凝胶继续沉积,待沉积的胶面上升到离柱的顶端约 5 cm 处时停止装柱,关闭出水口。装柱时始终保持柱内液面高于凝胶表面,防止液体流干,凝胶中混入大量气泡。一旦发生凝胶液体流干的情况,必须将凝胶全部倒出,重新装柱。

(4)用 2～3 倍柱床容积(约 60 mL)的洗脱液平衡凝胶柱,使柱床稳定(可选:然后在凝胶表面放一片滤纸或尼龙滤布,以防将来在加样时凝胶被冲起),并始终保持凝胶顶端有一段液体。

(5)柱填充的检查和 V_o 的测定(可选)

检查柱子填充是否正确的最好方法是用此柱分离某些有色物质。蓝色葡聚糖-2000 是常用的一种物质,它是一种高分子葡聚糖,含有蓝色发光基团,因此可在第一次操作前检查柱子的填充状况和测定出滞留含量 V_o。方法为把 0.2%的蓝色葡聚糖-2000 溶液(1/50～1/100 柱床体积)加到柱子上,进行洗脱。如果用蓝色葡聚糖进行实验后获得了一个不好的色谱带,那么就说明凝胶床没有填好。在这种情况下,柱子必须重新装填。

(三)凝胶过滤层析装置连接

(1)准备好部分自动收集器、核酸蛋白检测仪、无纸记录仪、升降台、凝胶柱、洗脱液等物品。

(2)将凝胶层析柱的进水口插入装有洗脱液的瓶子,瓶子放置于升降台上以保持一定的压力。凝胶柱的出水口与紫外检测仪的进水口连接,通过软管将紫外检测仪的出水口与部分收集器连接,再用红、黑两条连接线将紫外检测仪与数字记录仪相连接(图 3-1-8)。

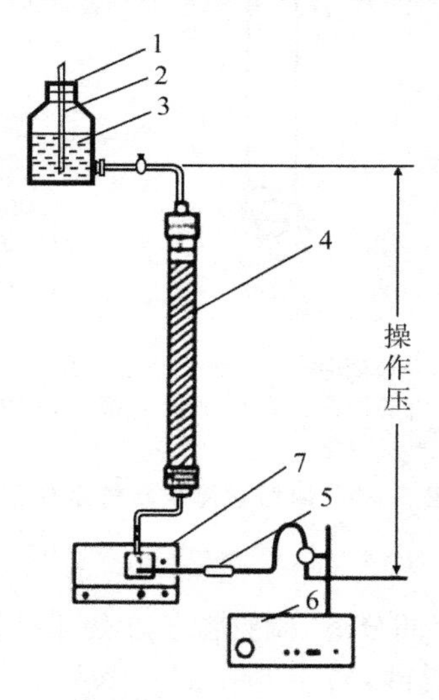

1—密封橡皮塞;2—恒压管;3—恒压瓶;4—层析柱;5—可调螺旋夹;6—自动收集器;7—核酸、蛋白检测仪。

图 3-1-8 凝胶过滤层析系统连接示意图

(3)依次打开紫外检测仪、部分收集器、数字记录仪开关,对仪器进行预热。

(4)转动紫外检测仪面板上的波长旋钮,设定检测波长为 280 nm。

(5)打开凝胶柱出水口的夹子,使洗脱缓冲液流经紫外检测器。把"灵敏度选择"旋钮置于

“100% T”档，调节“调 T”旋钮，使检测仪窗口数字显示为 100，即透光率为 100%。再将“灵敏度”开关转到“2 A”档，缓慢调节“A 调零”旋钮，检测仪数字显示为“000”。以上步骤需反复进行几次，待层析系统平衡后，即可加样检测。注意：在样品检测的过程中，不可再调节“T”“A”旋钮！

(6)完成以上步骤后，进行流速检测。记下凝胶柱中洗脱液流出 1 mL 所需的时间，并以此时间对部分收集器进行定时，设置每管收集洗脱液 1 mL。

(四)加样

(1)打开层析柱上端的螺丝帽塞子，吸出层析柱中多余液体，直至接近胶面水平，关闭夹子。

(2)沿管壁将透析后的血红蛋白样品溶液 0.2 mL 小心加到凝胶床面上，加样时应尽量避免将柱中凝胶冲起。

(3)打开层析柱下端夹子，使样品溶液流入柱内，同时收集流出液。

(4)当样品溶液全部进入层析柱，流至与胶面相平时，再夹紧下口夹子。

(5)按加样操作，用 0.5 mL 洗脱液冲洗管壁 2 次，再加入 3～4 mL 洗脱液于凝胶上，旋紧层析柱上端螺丝帽。

(五)洗脱

洗脱时，打开层析柱上、下端进出口夹子，用 0.01 mol/L，pH 7.4 磷酸缓冲液进行洗脱，洗脱流速调节至 3 mL/10 min，用自动部分收集器以每管 1 mL 收集流出的洗脱液。洗脱过程中用数字检测仪观察不同蛋白组分流出的时间。

(六)收集血红蛋白

收集带有红颜色的洗脱液，即为经凝胶过滤柱层析纯化后的血红蛋白。

(七)层析柱的再生

样品洗脱完毕后，凝胶柱即已再生。一次装柱，可反复使用多次，因此操作简便，重复性高。

(八)凝胶的回收

层析柱使用完毕后，其中凝胶可倒出，在凝胶悬液中加防腐剂或灭菌后，可置冰箱保存数月。防腐剂类型很多，最常用的有 0.02%叠氮化钠或 0.002%氯已定等，也可用高压蒸汽 0.1 MPa 灭菌 30 min。

五、注意事项

(1)仪器各接头不能漏气，连接用的小乳胶管不能有破损，否则会造成漏气、漏液。

(2)装柱要均匀，既不过松，也不过紧，最好在要求的操作压下装柱，流速不宜过快，避免压紧凝胶。

(3)始终保持柱内液面高于凝胶表面，否则水分蒸发，凝胶变干。也要防止液体流干，否则凝胶内会混入大量气泡，影响液体在柱内的流动。

(4)在蛋白分离过程中，仔细观察红色区带在洗脱过程中的移动情况。如果红色区带均匀一致地移动，证明色谱柱制作成功。

六、思考题

在本实验中要注意哪些重要环节？

（李艳芳）

实验七　SDS-聚丙烯酰胺凝胶垂直板电泳分离血红蛋白

一、实验目的

(1)学习 SDS-聚丙烯酰胺凝胶电泳原理。

(2)掌握聚丙烯酰胺凝胶垂直板电泳的操作技术。

二、实验原理及临床意义

SDS-聚丙烯酰胺凝胶电泳(SDS-PAGE)是在第二章电泳技术中介绍的 PAGE 基础上发展起来的。蛋白质在聚丙烯酰胺凝胶中电泳时,它的迁移率取决于所带净电荷以及分子的大小和形状等因素。如果加入一种试剂使电荷因素消除,那电泳迁移率就主要取决于分子的大小,因而可以用电泳技术测定蛋白质的分子量。

1967 年,Shapiro 等发现阴离子去污剂十二烷基硫酸钠(SDS)具有这种作用。当向蛋白质溶液中加入足够量的 SDS 和巯基乙醇,可使蛋白质分子中的二硫键还原。由于十二烷基硫酸根带负电,可使各种蛋白质-SDS 的复合物都带上相同密度的负电荷,它的量大大超过了蛋白质分子原有的电荷量,因而掩盖了不同种蛋白质间原有的电荷差别。SDS 与蛋白质结合后,还可引起构象改变,蛋白质-SDS 复合物形成近似"雪茄烟"形的长椭圆棒,不同蛋白质-SDS 复合物的形状类似,在凝胶中的迁移率就不再受蛋白质原有电荷量和形状的影响,而完全取决于其分子量的大小。由于蛋白质-SDS 复合物在单位长度上带有相等的电荷,所以它们以相等的迁移速度从浓缩胶进入分离胶。进入分离胶后,由于聚丙烯酰胺的分子筛作用,小分子的蛋白质较容易通过凝胶孔径,阻力小,迁移速率快;大分子蛋白质则受到较大的阻力而被滞后,这样蛋白质在电泳过程中就会根据其各自分子量的大小而被分离。

SDS-PAGE 可以用于测定蛋白质的分子量。当分子量在 15 kD 到 200 kD 之间时,蛋白质的迁移率和分子量的对数呈线性关系。若将已知分子量的标准蛋白与待测蛋白一起进行电泳,根据标准蛋白上条带的位置,即可推测出待测蛋白的大概分子量。

SDS-PAGE 经常应用于提纯过程中纯度的检测,纯化的蛋白质通常在 SDS 电泳上应只有一个条带。但如果蛋白质是由不同的亚基组成,它在电泳中可能会形成分别对应于各个亚基的几个条带。SDS-PAGE 具有较高的灵敏度,一般微克级的蛋白质即可被检测到,而且通过电泳同时还可以得到关于分子量的情况,这些信息对了解未知蛋白及设计提纯过程都是非常重要的。

三、实验用品

1. 材料

透析后的血红蛋白样品。

2. 试剂

(1)凝胶贮备液:称取丙烯酰胺(Acr) 29 g 及甲叉丙烯酰胺(Bis-Acr)1.0 g,用去离子水溶解并稀释至 100 mL,贮于棕色瓶中并置于 4 ℃保存,一般可用 1 个月。

(2)分离胶缓冲液:取三羟甲基氨基甲烷(Tris)18.2 g,加双蒸馏水至 80 mL 使其溶解,用浓盐酸调 pH 至 8.8,然后用双蒸馏水稀释至 100 mL,贮于棕色瓶中,并置于 4 ℃保存。

(3)浓缩胶缓冲液:取 Tris 12.1 g,加双蒸馏水至 80 mL,用浓盐酸调 pH 至 6.8,用双蒸馏水稀释至 100 mL,贮于棕色瓶中,并置于 4 ℃保存。

(4)电泳缓冲液:称取 Tris 15.1 g,甘氨酸 94 g,SDS 5g,加蒸馏水溶解并定容至 1000 mL,并置于 4 ℃贮存,用时可做 5 倍稀释。

(5)10%过硫酸铵:称取过硫酸铵 0.5 g,加双蒸馏水 5 mL,贮于 4 ℃,可用一周。

(6)四甲基乙二胺(TEMED)。

(7)10% SDS:称取 SDS　1 g,加蒸馏水 10 mL 使其溶解。

(8)样品稀释液:取浓缩胶缓冲液 6.25 mL,蔗糖 10 g,SDS 2.3 g,1 g/L 溴酚蓝 10 mL,加蒸馏水溶解,混合至 100 mL。

(9)考马斯亮蓝染色液:称取考马斯亮蓝 R-250 2.5 g,加入甲醇 500 mL,冰醋酸 100 mL,添加蒸馏水定容至 1000 mL,充分溶解混匀后备用。

(10)考马斯亮蓝脱色液:甲醇 500 mL,冰醋酸 100 mL,添加蒸馏水定容至 1000 mL。

(11)蛋白分子量标准品(prestained protein ladder):市售(Thermo ＃26616)。也可选择 5 种以上的已知分子量蛋白质自行配制,注意其分子量分布范围要能满足需要,各种蛋白质的浓度基本相等。

3. 仪器

Bio-Rad 蛋白电泳制胶架、电泳槽、玻璃板、恒压恒流电泳仪、加样器、离心管。

四、实验步骤及结果计算

1. 制备聚丙烯酰胺凝胶

(1)将一长一短两块玻璃板洗干净、干燥,注意不要用手摸玻璃板内侧。

(2)将玻璃板按要求安装在制胶架上,夹紧。

(3)加入适量水检测制胶架是否漏胶,如有泄漏需重新安装夹紧;如制胶架无泄漏,即可进行灌胶。

(4)制备分离胶:12%分离胶的配方如表 3-1-5 所示。

表 3-1-5　12%分离胶的制备

品　名	10 mL(各成分所需的体积/mL)
蒸馏水	3.3
30%丙烯酰胺混合液	4.0
分离胶缓冲液(pH 8.8)	2.5
10%SDS	0.1
10%过硫酸铵	0.1
TEMED	0.004

将各溶液按表 3-1-5 所示体积混匀,配制 12%分离胶。加入 TEMED 后立即用细长头的滴管或移液器将分离胶溶液注入两层玻璃板之间,直至距样品梳齿下缘约 1 cm。在凝胶

表面轻轻加一层蒸馏水，用于隔绝空气，并使胶面平整。室温下静置约 30 min，当凝胶完全聚合时，可看到一条清晰的胶和水的分界线。

(5)制备浓缩胶：5%浓缩胶的配方如表 3-1-6 所示。

表 3-1-6　5%浓缩胶的制备

品　名	10 mL(各成分所需的体积/mL)
蒸馏水	6.8
30%丙烯酰胺混合液	1.7
浓缩胶缓冲液(pH 6.8)	1.25
10%SDS	0.1
10%过硫酸铵	0.1
TEMED	0.01

分离胶制好后，将上层多余的水倾斜倒出。准备好后，用离心管按表 3-1-6 所示体积将各溶液混匀，立即用长头滴管或移液器将浓缩胶溶液加到分离胶的上方，直至加到短玻璃板上边缘，再轻轻插入样品槽梳子，注意不要产生气泡。室温静置 30 min，使其充分聚合。凝胶聚合后，小心地从垂直方向拔出梳子，用去离子水冲洗梳孔以除去未聚合的丙烯酰胺。可用记号笔在每个梳孔下方做一标记，方便后面加样。

2. 加样和电泳

(1)样品预处理：取血清 0.1 mL、样品稀释液 0.9 mL，混匀，在沸水中煮沸 10 min 备用。

(2)加样：将凝胶连玻璃板一起装在电泳槽中，倒入电泳缓冲液。用微量注射器依次将样品加到凝胶的各梳孔，上样量一般为每孔 20 μL。注意每块凝胶要留一个孔，加已知分子量的蛋白标准品(protein ladder)(图 3-1-9)。

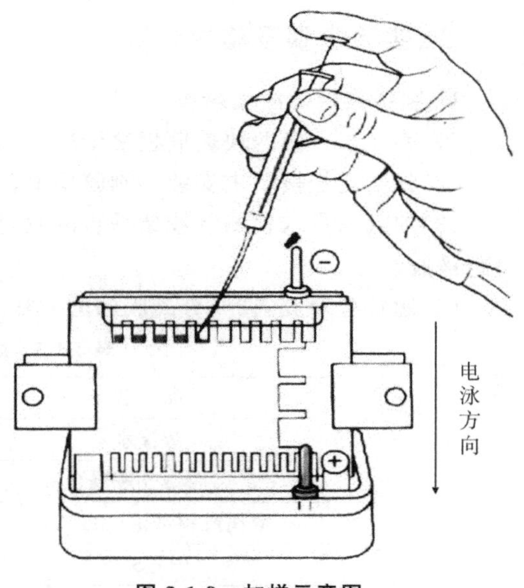

图 3-1-9　加样示意图

(3)电泳：将电泳槽与电泳仪相连接，遵循红连红，黑连黑的原则。打开电泳仪开关，将电流调至最大，调整开始时电压为 80 V，以恒压进行电泳。留意观察样品中的溴酚蓝染料，待样品进入分离胶后，将电压调至 120 V，加快电泳速度。当溴酚蓝染料快到凝胶的底边时，关闭电源，停止电泳。

3. 蛋白质样品检测

电泳结束后，取出凝胶玻璃板，用塑料铲子轻轻将短玻璃板撬开、移去。用铲子沿浓缩胶和分离胶的界线切割，移去上层浓缩胶，将下层分离胶取出，倒入培养皿中。在皿中加入考马斯亮蓝染色液，完全覆盖凝胶，盖上皿盖，并置于 40 ℃烘箱染色 15 min。

将染色后的凝胶用蒸馏水漂洗数次，再加入脱色液，室温脱色，在这个过程中可轻轻晃动培养皿加速脱色。若脱色液颜色过深,可更换新鲜脱色液,直至蛋白质条带清晰可见。脱色过程可持续数小时,放置过夜脱色通常效果更好。对照蛋白标准品观察并记录电泳结果。

五、注意事项

(1)Acr 和 Bis 均有毒性,对皮肤有刺激作用,操作时应戴手套。

(2)玻璃板表面应光滑洁净,否则在电泳时会造成凝胶板与玻璃板之间产生气泡。

(3)样品槽模板梳齿应平整光滑,浓缩胶中梳齿下端无气泡,以免电泳后区带扭曲。

(4)为防止电泳后区带拖尾,样品中盐离子强度应尽量低,含盐量高的样品可用透析法或凝胶过滤法脱盐。

(5)电泳时应选用合适的电流、电压,过高或者过低都会影响电泳效果。

(6)本法也适用于其他生物样品中蛋白质的分析。上样量不宜过大,否则会出现过载现象。尤其是考马斯亮蓝 R-250 染色,在蛋白质浓度过高时,染料与蛋白质的氨基($—NH_3^+$)形成的静电键不稳定,其结合不符合 Beer 定律,会导致蛋白质定量不准确。

六、思考题

(1)简述聚丙烯酰胺凝胶聚合的原理,如何调节凝胶的孔径?

(2)为什么样品会在浓缩胶中被压缩成狭窄条带?

(3)为什么要在样品中加含有少许溴酚蓝的 40% 蔗糖溶液?蔗糖及溴酚蓝各有何用途?

(4)根据实验过程的体会,总结如何做好聚丙烯酰胺垂直板电泳?哪些是关键步骤?

(李艳芳)

实验八　血红蛋白与高铁血红蛋白分子吸收光谱的绘制与比较

一、目的要求

(1)学习紫外-可见吸收光谱的绘制方法。

(2)学习利用吸收光谱进行物质定性分析的原理和方法。

(3)通过吸收光谱的比较了解血红蛋白与高铁血红蛋白的异同。

二、实验原理及临床意义

血红蛋白(hemoglobin,Hb)溶液在空气中充分接触氧气而形成氧合血红蛋白(oxyhemoglobin,HbO_2)。Hb溶液中通入一氧化碳(CO)后,Hb与CO结合而形成碳氧血红蛋白(carboxyhemoglobin,COHb)。CO结合在Hb中的亚铁原子上,形成樱桃红色的COHb,其吸收光谱与HbO_2相似。高铁氰化钾[$K_3Fe(CN)_6$]在酸性或中性环境中,可使Hb中的亚铁离子失去一个电子,氧化成高铁离子而形成棕色的高铁血红蛋白(methemoglobin,MHb)。由于上述3种血红蛋白的组成成分不同,分子结构也有所不同,故具有各自独特的分子吸收光谱行为。利用这一特点,可对不同物质(不同的血红蛋白)进行定性分析和鉴别。3种血红蛋白的特征吸收光谱的归纳见表3-1-7。

利用紫外-可见分光光度计测定不同波长的光线通过溶液时的吸光度,以波长为横坐标,相应的吸光度为纵坐标,绘制不同血红蛋白的吸收光谱曲线。

三、实验用品

1. 试剂

高铁氰化钾溶液(10 mg/mL):称取高铁氰化钾1 g,以蒸馏水溶解,置于100 mL容量瓶中,定容。临用前配制。

2. 仪器:紫外-可见分光光度计(T6,北京普析通用),CO钢瓶。

表3-1-7　血红蛋白及衍生物吸收光谱波长

溶　液	吸收峰数	吸收峰波长/nm
HbO_2	2	578,540
COHb	2	572,535
MHb(pH 6.4)	4	630,578,540,500

四、实验步骤及结果计算

1. 样品的制备

(1)HbO_2溶液:取Hb溶液2滴(约60 μL),加蒸馏水(或高纯水,下同)3.0 mL。

(2)COHb 溶液：取 Hb 溶液 2 滴(约 60 μL)，加蒸馏水 3.0 mL，再加辛醇 1 滴，摇匀，用细管通入 CO 2～3 min，溶液呈樱桃红色。

(3)MHb 溶液：取 Hb 溶液 2 滴(约 60 μL)，加蒸馏水 3.0 mL，加新鲜配制的 10 mg/mL 高铁氰化钾 7 μL，混匀，溶液呈棕色，应尽可能快地进行比色测定。

2. 测定

分别取上述溶液 3 mL 盛于比色皿内，以蒸馏水作为空白，在波长 470～650 nm 范围内，每隔 20 nm 测吸光度一次(表 3-1-8)。在接近吸收高峰时，每隔 2 nm 测吸光度一次。每更换一次波长，必须重新校正零点，再测吸光度。以入射光波长为横坐标，各相应的吸光度为纵坐标，分别绘出各血红蛋白溶液的吸收光谱曲线。

表 3-1-8　血红蛋白及衍生物特定波长吸收值

溶　液	波长/nm									
	470	490	510	530	550	570	590	610	630	650
HbO_2										
COHb										
MHb										

五、注意事项

(1)必须对所用的分光光度计进行波长校正。

(2)高铁氰化钾临用前配制，贮存于棕色瓶中。

(3)如果没有 CO 发生器，可用煤气替代。

六、思考题

(1)物质的吸光度以及吸收光谱形状与光源的强度(入射光强度)有无关系？为什么？

(2)绘制吸收光谱时，为什么每测一次波长，必须重新校正零点？

(3)以分光光度法对蛋白质、核酸进行定性、定量分析应使用什么材质的液池？为什么？

(李东辉)

第二节　酶动力学测定

实验一　影响酶活性的因素

一、实验目的

(1)观察淀粉在水解过程中遇碘后溶液颜色的变化。

(2)观察温度、pH、激活剂与抑制剂对唾液淀粉酶活性的影响。

(3)掌握相关因素影响酶活性的机制。

二、实验原理及临床意义

人唾液中的淀粉酶为α-淀粉酶,在唾液腺细胞内合成。在唾液淀粉酶的作用下,淀粉可发生水解,产生一系列被称为糊精的中间产物,最后生成麦芽糖和葡萄糖。变化过程如下:

淀粉→紫色糊精→红色糊精→麦芽糖、葡萄糖

淀粉、紫色糊精、红色糊精遇碘后分别呈蓝色、紫色与红色。麦芽糖和葡萄糖遇碘不变色。

淀粉与糊精无还原性,或还原性很弱,对本尼迪克特(Benedict)试剂呈阴性反应。麦芽糖、葡萄糖是还原糖,与本尼迪克特试剂共热后生成棕色的氧化亚铜沉淀。

唾液淀粉酶的最适温度为37～40 ℃,最适 pH 为6.8。偏离此最适环境时,酶的活性减弱。

低浓度的氯离子能增加淀粉酶的活性,是它的激活剂。Cu^{2+}等金属离子能降低该酶的活性,是它的抑制剂。

三、实验用品

1. 材料

新鲜唾液:实验者先用蒸馏水漱口,除去口腔内可能含有的食物残渣;然后含一口蒸馏水(约50 mL)于口中,约2 min,吐入小烧杯中;置冰上备用。

2. 试剂

(1)0.5%淀粉溶液(含0.3% NaCl)即0.3%NaCl淀粉溶液:将0.5 g可溶性淀粉与0.3 g氯化钠,混悬于5 mL的蒸馏水中,搅动后缓慢倒入沸腾的95 mL蒸馏水中,煮沸1 min,冷却后倒入试剂瓶中。

(2)碘液:称取2 g碘化钾溶于5 mL蒸馏水中,再加1 g碘。待碘完全溶解后,加蒸馏水295 mL,混合均匀后贮于棕色瓶内。

(3)本尼迪克特(Benedict)试剂:将17.3 g硫酸铜晶体溶入100 mL蒸馏水中,然后加入100 mL蒸馏水。取枸橼酸钠173 g及碳酸钠100 g,加蒸馏水600 mL,加热使之溶解。冷却后,再加蒸馏水200 mL。最后,把硫酸铜溶液缓慢地倾入枸橼酸钠—碳酸钠溶液中,边加边搅拌,如有沉淀可过滤除去或自然沉降一段时间取上清液。此试剂可长期保存。

(4)0.2 mol/L 磷酸氢二钠溶液。

(5)0.1 mol/L 柠檬酸溶液。

(6)1% NaCl 溶液。

(7)0.1% $CuSO_4$溶液。

(8)0.5% 淀粉溶液。

(9)1%蔗糖溶液

3. 仪器和耗材

试管、玻璃棒、烧杯、量筒、恒温水浴锅、电磁炉、试管架。

四、实验步骤及结果计算

1. 淀粉酶活性的检测

取一支试管，注入 0.3%NaCl 淀粉溶液 5 mL 与稀释的唾液 0.5～2 mL，混匀后插入 1 支玻璃棒，将试管连同玻璃棒置于 37 ℃水浴中。不时地用玻璃棒从试管中取出 1 滴溶液，滴加在培养皿上，随即加 1 滴碘液，观察溶液呈现的颜色。此实验延续至溶液仅表现碘被稀释后的微黄色为止。记录淀粉在水解过程中，遇碘后溶液颜色的变化及反应时间。根据反应时间调整酶的稀释倍数，以 5～8 min 为宜。若少于 5 min，说明酶的浓度或活性太高，需要进一步稀释；若长于 8 min，说明酶的浓度或活性太低，应重新稀释以获取较高浓度的酶。

请记录实验者自己的酶稀释比例，稀释好的酶请置于冰上。

2. 酶的特异性检测

酶的特异性是指一种酶只能对一种或一类化合物(此类化合物通常具有相同的化学键)起作用，而不能对别的化合物起作用，如淀粉酶只能催化淀粉水解，对蔗糖的水解无催化作用。

本实验以唾液淀粉酶(含淀粉酶和少量麦芽糖酶)对淀粉的作用为例，说明酶的特异性。淀粉和蔗糖都没有还原性，但淀粉水解产物为葡萄糖，蔗糖水解产物为果糖和葡萄糖，均为还原性糖，能与 Benedict 试剂反应，生成砖红色的氧化亚铜沉淀。

(1)检查试剂：取 2 只试管，按表 3-2-1 操作。

表 3-2-1　检查试剂

试　剂	管　号	
	1	2
0.3% NaCl 淀粉溶液/mL	3.0	—
1%蔗糖溶液/mL	—	3.0
Benedict 试剂/mL	2.0	2.0
摇匀，沸水浴煮沸 5～10 min		
观察结果		

(2)淀粉酶的专一性实验：取 2 只试管，按表 3-2-2 操作。

表 3-2-2　淀粉酶的专一性检测

试　剂	管　号	
	1	2
稀释的唾液/mL	1.0	1.0
0.3% NaCl 淀粉溶液/mL	3.0	—
1%蔗糖溶液/mL	—	3.0
摇匀，置 37 ℃水浴保温 10 min		
Benedict 试剂/mL	2.0	2.0
摇匀，沸水浴煮沸 5～10 min		
观察结果		

3. pH 对酶活性的影响

酶的催化活性与环境 pH 有密切关系，通常各种酶只在一定 pH 范围内才具有活性，酶活性最高时的 pH，称为酶的最适 pH，高于或低于此 pH 时酶的活性都逐渐降低。不同酶的最适 pH 不同。酶的最适 pH 不是一个特征性的物理常数，对于某一种酶，其最适 pH 因缓冲液和底物的性质不同而有所差异。

(1)取 3 支 50 mL 锥形瓶，按表 3-2-3 的比例操作，制备不同 pH 值的缓冲液。

表 3-2-3　制备不同 pH 值的缓冲液

锥形瓶号	试　剂		
	0.2 mol/L 磷酸氢二钠/mL	0.1 mol/L 柠檬酸/mL	缓冲液 pH
1	5.15	4.85	5.0
2	7.72	2.28	6.8
3	9.72	0.28	8.0

(2)取 3 支试管，按表 3-2-4 操作。

表 3-2-4　pH 对酶活性的影响

试　剂	管　号		
	1	2	3
pH 5.0 缓冲液/mL	2.0	—	—
pH 6.8 缓冲液/mL	—	2.0	—
pH 8.0 缓冲液/mL	—	—	2.0
0.5%淀粉溶液/mL	1.0	1.0	1.0
以 1 min 的间隔，依次加入稀释的唾液 1 mL，摇匀，置 37 ℃水浴保温 10 min			
$KI-I_2$ 溶液/滴	2	2	2
观察结果			

综合以上结果,说明 pH 对酶活性的影响。

4. 温度对酶活性的影响

对温度敏感是酶的一个重要特性,酶作为生物催化剂,和一般催化剂一样呈现出温度效应,提高温度可以提高酶促反应速度,但另一方面又会加速酶蛋白的变性速度,所以在较低的温度范围内,酶反应速度随温度升高而增大,但是超过一定温度后,反应速度反而下降。酶反应速度达到最大时的温度称为酶的最适温度。酶的最适温度不是一个常数,它与作用时间的长短有关系。

取 3 支试管,各加 3 mL 0.3%NaCl 淀粉溶液;另取 3 支试管,各加 1 mL 淀粉酶液。将此 6 支试管分为 3 组,每组中盛淀粉溶液与淀粉酶液的试管各 1 支,3 组试管分别置入 0 ℃、37 ℃与 100 ℃的水浴中。5 min 后,将各组中的淀粉溶液倒入淀粉酶液中,继续维持原温度条件 5 min 后,立即滴加 2 滴碘液,观察溶液颜色的变化。根据观察结果说明温度对酶活性的影响。

5. 激活剂与抑制剂对酶活性的影响

酶的活性受某些物质的影响,能使酶活性增加的称为激活剂,能使酶活性降低的称为抑制剂。很少量的激活剂和抑制剂就会影响酶的活性,而且常具有特异性,但激活剂和抑制剂不是绝对的,浓度的改变可能使激活剂变成抑制剂。

取 3 支试管,按表 3-2-5 加入各种试剂。混匀,置于 37 ℃水浴中保温 10 min 后,向各管中加碘液 2 滴,观察溶液颜色的变化,并解释之。

表 3-2-5　激活剂与抑制剂对酶活性的影响

试　剂	管　号		
	1	2	3
1%NaCl 溶液/mL	1.0	—	—
0.1%$CuSO_4$ 溶液/mL	—	1.0	—
蒸馏水/mL	—	—	1.0
0.5%淀粉溶液/mL	3.0	3.0	3.0
稀释的唾液/mL	1.0	1.0	1.0
摇匀,放入 37 ℃恒温水浴中保温 10 min,取出,冷却			
KI-I_2 溶液/滴	2	2	2
观察结果			

五、注意事项

(1)实验中所用的试管必须清洗干净。

(2)唾液淀粉酶准备好后,立即将原液置于冰水中保持酶的活力,以防后续实验失败。

(3)沸水浴时以水温达到 95 ℃以上开始计时。

六、思考题

(1)本实验中如何通过淀粉液加碘后的颜色变化来判断酶促反应快慢的?

(2)如何通过加入班氏试剂后生成沉淀的多少来反映酶促反应快慢的?

(3)通过本实验,结合理论课的学习,总结出哪些因素会影响唾液淀粉酶的活性? 以及它们是如何影响的?

(郑红花)

实验二　碱性磷酸酶米氏常数测定

一、实验目的

(1)学习分光光度法测定的原理和方法。

(2)学习和掌握米氏常数(K_m)及最大反应速度(V_m)的测定原理和方法,测出碱性磷酸酶在以对硝基苯酚磷酸为底物时的 K_m 和 V_m 值。

二、实验原理及临床意义

酶的底物浓度与酶促反应速度的关系一般情况下符合米氏(Michaelis-Menten)理论。根据中间产物学说,酶促反应的动力学模型可以表示为:

$$E+S \underset{k_{-1}}{\overset{k_{+1}}{\rightleftharpoons}} ES \xrightarrow{k_{+2}} E+P$$

这里,E、S、ES 和 P 分别表示酶、底物、酶底物中间物和产物;k_{+1}、k_{-1}、k_{+2} 是各步反应的速度常数。

按照中间产物学说,可以推导出米氏方程为:

$$v=\frac{V_m \cdot [S]}{K_m+[S]} \tag{3-2-1}$$

式中:[S]为底物浓度(摩尔浓度);v 为初速度(微摩尔浓度变化/min);V_m 为最大反应速度(微摩尔浓度变化/min);K_m 为米氏常数(摩尔浓度)。

测定 K_m 和 V_m,特别是测定 K_m,是酶学工作的基本内容之一。在酶动力学性质的分析中,米氏常数 K_m 是酶的一个基本特征常数,它包含着酶与底物结合和解离的性质。特别是同一种酶能够作用于几种不同底物时,米氏常数 K_m 往往可以反映出酶与各种底物的亲和力的强弱。K_m 数值越小,说明酶和底物的亲和力越强;反之,K_m 值越大,酶和底物的亲和力越弱。

K_m 和 V_m 可通过作图法求得。作图方法很多,其共同的特点是先将米氏双曲线方程式转变为一般的直线形式。本实验测定碱性磷酸酶催化对硝基苯磷酸二钠水解的 K_m 和 V_m,采用最常用的 Lineweaver-Burk 双倒数作图法。这个方法是将米氏方程转化为倒数形式,即:

$$\frac{1}{v}=\frac{K_m}{V_m} \cdot \frac{1}{[S]}+\frac{1}{V_m} \tag{3-2-2}$$

然后以 $1/v$ 对 $1/[S]$ 作图,可得一条直线(图 3-2-1)纵轴上的截距为 $1/V_m$,横轴截距为 $-1/K_m$,由此即可求 K_m 和 V_m 值。

本实验测定碱性磷酸酶催化对硝基苯磷酸二钠(p-NPP)水解的 K_m 和 V_m。

反应式:p-NPP(无色)+H_2O ⟶ p-NP(黄色)+HPO_4^{2-}

可通过分光光度法测定产物 p-NP 的含量,求出反应速率 v。

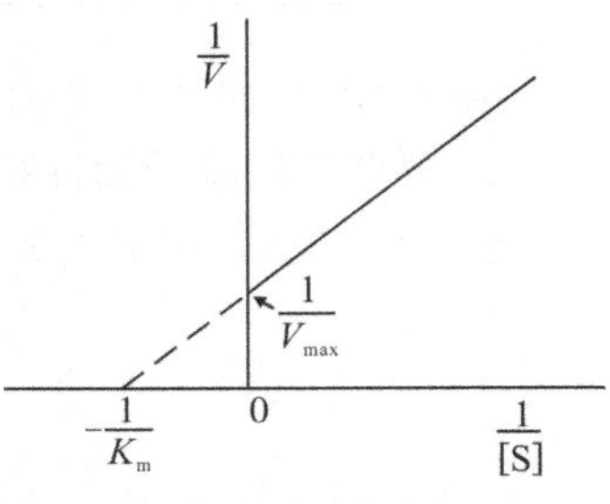

图 3-2-1　双倒数作图法

三、实验用品

1. 试剂

(1)0.1 mol/L Na_2CO_3-$NaHCO_3$ pH 10.1 缓冲液。

(2)20 mmol/L $MgCl_2$。

(3)10 mmol/L 对硝基苯磷酸二钠(*p*-NPP)。

(4)0.1 mol/L NaOH。

(5)碱性磷酸酶。

(6)0.5 μmol/mL *p*-NP。

2. 仪器和耗材

试管、烧杯、量筒、恒温水浴锅、紫外-可见分光光度计(T6,北京普析通用)、试管夹、试管架。

四、实验步骤及结果计算

1. *p*-NP 标准曲线的绘制

取 7 支试管,按表 3-2-6 加入试剂,在 405 nm 波长下测各管吸光度值。

表 3-2-6　*p*-NP 标准曲线的绘制

试剂	管号						
	0	1	2	3	4	5	6
0.5 μmol/mL *p*-NP/mL	0.0	0.1	0.2	0.3	0.4	0.5	0.6
H_2O/mL	0.8	0.7	0.6	0.5	0.4	0.3	0.2
Na_2CO_3-$NaHCO_3$/mL	1.0	1.0	1.0	1.0	1.0	1.0	1.0
20 mmol/L $MgCl_2$/mL	0.2	0.2	0.2	0.2	0.2	0.2	0.2
0.1 mol/L NaOH/mL	2.0	2.0	2.0	2.0	2.0	2.0	2.0
摇匀,以 0 号管调零,于 405 nm 波长下测各管吸光度值							
A_{405}							
p-NP 含量/μmol	0.00	0.05	0.10	0.15	0.20	0.25	0.30

以 *p*-NP 含量为横坐标,A_{405} 为纵坐标绘制标准曲线。

2. 碱性磷酸酶的活性检测

取 10 支试管,按表 3-2-7 加入试剂,“—”表示不加或无。

表 3-2-7　碱性磷酸酶的活性检测

试　剂	管　号									
	1B	1	2B	2	3B	3	4B	4	5B	5
10 mmol/L *p*-NPP	0.1	0.1	0.15	0.15	0.2	0.2	0.3	0.3	0.6	0.6
H_2O	0.5	0.5	0.45	0.45	0.4	0.4	0.3	0.3	0	0
Na_2CO_3-$NaHCO_3$	1.0	1.0	1.0	1.0	1.0	1.0	1.0	1.0	1.0	1.0
20 mmol/L $MgCl_2$	0.2	0.2	0.2	0.2	0.2	0.2	0.2	0.2	0.2	0.2
各管混匀，置于 37 ℃恒温水浴中保温 5 min，取出，冷却后加入下面的试剂										
碱性磷酸酶液	—	0.2	—	0.2	—	0.2	—	0.2	—	0.2
各管混匀，置于 37 ℃恒温水浴中保温 10 min，取出，冷却后加入下面的试剂										
0.1 mol/L NaOH	2.0	2.0	2.0	2.0	2.0	2.0	2.0	2.0	2.0	2.0
碱性磷酸酶溶液	0.2	—	0.2	—	0.2	—	0.2	—	0.2	—
摇匀，以各自的 B 管调零，于 405 nm 波长下测各管吸光度值										
A_{405}	0		0		0		0		0	

3. 碱性磷酸酶 K_m 和 V_m 的计算

先根据式(3-2-3)，计算碱性磷酸酶催化 *p*-NPP 生成 *p*-NP 的反应速度；再将相应数值填入表 3-2-8。

$$反应速度(V)=\frac{p\text{-NP 含量}(\mu mol)}{反应时间(s,second)}\mu mol/s \tag{3-2-3}$$

表 3-2-8　碱性磷酸酶催化 *p*-NPP 生成 *p*-NP 的反应速度

试　剂	管　号				
	1	2	3	4	5
底物 *p*-NPP 含量(*S*)/μmol					
计算 1/*S*					
A_{405}					
根据标准曲线得出产物 *p*-NP 含量/μmol					
根据式(3-2-3)得出产物生成速度 $V/(\mu mol \cdot s^{-1})$					
计算 1/*V*					

根据表 3-2-8 中数据，以 1/*S* 为横坐标，1/*V* 为纵坐标，绘制曲线，根据双倒数作图法中该曲线与横坐标或纵坐标的相交点，即可得出碱性磷酸酶的米氏常数 K_m 和相对最大反应速度 V_m 值。

五、注意事项

(1)实验中试管必须清洗干净。
(2)取液量必须准确无误。
(3)水浴时间应严格控制。
(4)加酶前后管内液体要混匀。
(5)空白对照一定要先加 NaOH,后加酶。
(6)必须以各自空白管调零测吸光度值。
(7)正确使用移液枪。

六、思考题

(1)在测定酶催化反应的米氏常数和最大反应速度时,应如何选择底物浓度范围?
(2)为什么说米氏常数是酶的一个特征常数而最大反应速度不是?
(3)试说明米氏常数的物理意义和生物学意义。

(郑红花)

实验三　丙二酸对琥珀酸脱氢酶的竞争性抑制作用

一、实验目的

（1）学习和掌握竞争性抑制作用的特点。

（2）观察丙二酸对琥珀酸脱氢酶的竞争性抑制作用。

二、实验原理及临床意义

化学结构与酶作用的底物结构相似的物质，可与底物竞争结合酶的活性中心，使酶的活性降低甚至丧失，这种抑制作用称为竞争性抑制作用。

琥珀酸脱氢酶是位于动物细胞线粒体内膜上的一种氧化酶，它直接与电子传递链相连，是机体内参与三羧酸循环的一种重要的脱氢酶，也是呼吸链的标志酶。在体内，琥珀酸脱氢酶可以使琥珀酸脱氢生成延胡索酸。脱下的氢进入 $FADH_2$ 呼吸链，通过一系列电子传递体，最后传递给氧而生成水。当在缺氧的情况下，脱下之氢可将蓝色的亚甲蓝还原成无色的甲烯白，这样，便可以显示琥珀酸脱氢酶的作用：

$$\text{琥珀酸}+\text{亚甲蓝}\xrightarrow[\text{无氧条件}]{\text{琥珀酸脱氢酶}}\text{延胡索酸}+\text{还原性甲烯白(无色)}$$

丙二酸的化学结构与琥珀酸相似，它能与琥珀酸竞争，而和琥珀酸脱氢酶结合。若琥珀酸脱氢酶已与丙二酸结合，则不能再催化琥珀酸脱氢，这种现象称为竞争性抑制。如果相对增加琥珀酸的浓度，则可减轻丙二酸的抑制作用。

临床上常利用竞争性抑制现象进行药物的开发。

三、实验用品

1. 材料

大白鼠、手术剪、镊子、磁盘、匀浆器、量筒、烧杯、纱布、滤纸、试管及试管架。

2. 试剂

0.2 mol/L 琥珀酸溶液、0.02 mol/L 琥珀酸溶液、0.2 mol/L 丙二酸溶液、0.02 mol/L 丙二酸溶液、1/15 mol/L 磷酸缓冲液（pH 7.4）、0.02％亚甲蓝、液状石蜡。

3. 仪器

恒温水箱、电热水浴锅 。

四、实验步骤及结果记录

（1）酶提取液的制备：取大白鼠的肝脏、心脏、肾脏，用冷水洗 3 次。加入 1/15 mol/L 磷酸缓冲液（pH 7.4），在匀浆器中进行匀浆，然后用纱布过滤，用干净的烧杯收集过滤液，备用。

（2）取试管 6 支，编号，按表 3-2-9 步骤操作。

表 3-2-9 丙二酸对琥珀酸脱氢酶的竞争性抑制作用

管 号	溶 液							
	酶提取液/mL	磷酸缓冲液/mL	0.2mol/L琥珀酸溶液/滴	0.02mol/L琥珀酸溶液/滴	0.2mol/L丙二酸溶液/滴	0.02mol/L丙二酸溶液/滴	蒸馏水/滴	亚甲蓝/滴
1	2	—	8	—	—	—	8	3
2	2	—	8	—	—	8	—	3
3	2	—	8	—	8	—	—	3
4	2	—	—	8	8	—	—	3
5	—	2	8	—	—	—	8	3
6	2	—	8	—	—	—	8	3

注：试管 6 中的酶提取液先在 100 ℃的水浴中加热煮沸 5 min，再加入其他溶液。

将溶液加入各试管中后立即混匀。然后沿试管壁加入液状石蜡，约 0.5 cm 厚。各管置于 37 ℃的水浴中保温，切勿摇动试管，随时观察比较各试管颜色的变化，记录褪色时间(表 3-2-10)。

表 3-2-10 观察各管颜色变化

	[I]/[S]	褪色时间/min
试管 1	0	
试管 2	0.1	
试管 3	1	
试管 4	10	
试管 5	0	
试管 6	0	

五、注意事项

(1)酶提取液的制备应操作迅速，以防止酶活性降低。

(2)加入液状石蜡的作用是隔绝空气，以避免空气中的氧气对实验造成影响，因此加石蜡时试管壁要倾斜，注意不要产生气泡。

(3)37 ℃水浴保温过程中，不能摇动试管，避免空气中的氧气接触反应溶液，使得还原型的甲烯白重新氧化成蓝色。

(4)37 ℃水浴保温过程中，要注意随时观察各试管的褪色情况。

(5)实验结束后，一定要洗干净试管内的液状石蜡。

六、思考题

随着竞争物浓度与底物浓度的比值([I]/[S])增加，褪色时间如何变化，为什么？

(宋刚)

实验四　乳酸脱氢酶同工酶的制备及活性测定

一、实验目的

(1)学习和掌握同工酶的特点。

(2)学习同工酶的制备和活性分析原理。

二、实验原理及临床意义

乳酸脱氢酶(lactate dehydrogenase，LDH)有 5 种同工酶形式，即 LDH_1、LDH_2、LDH_3、LDH_4、LDH_5，可用电泳法进行分离。人体心肌、肾、红细胞以 LDH_1 和 LDH_2 为最多。肝和横纹肌则以 LDH_4 和 LDH_5 为主。脾、胰、甲状腺、肾上腺中 LDH_3 较多。乳酸脱氢酶同工酶是观察心肌、肝胆疾病等的指标之一。

乳酸脱氢酶各同工酶的一级结构和等电点不同，在一定的电泳条件下，其可在支持介质上分离。分离后再利用酶的催化反应进行显色：乳酸脱氢酶催化乳酸脱氢生成丙酮酸，同时使 NAD^+ 还原为 $NADH+H^+$。吩嗪二甲酯硫酸盐(PMS)将 NADH 的氢传递给硝基蓝四氮唑(NBT)，使其还原为紫红色的甲基化合物。有乳酸脱氢酶活性的区带就会显出紫红色，且颜色的深浅与酶活性呈正比，利用光密度仪或扫描仪可求出各同工酶的相对含量。

三、实验用品

1. 器材

微量加样器、家兔、手术剪、镊子、电子天平、组织匀浆机、紫外-可见分光光度计(T6，北京普析通用)、磁盘、匀浆器、量筒、烧杯、纱布、滤纸、试管及试管架、恒温水箱、电热水浴锅。

2. 试剂

(1)巴比妥缓冲液(pH 8.6，离子强度 0.075)：称取巴比妥钠 15.458 g，巴比妥 2.768 g，溶解于蒸馏水中，加热助溶，冷却后定容至 1 L(用于电泳)。

(2)0.082 mol/L 巴比妥-盐酸缓冲液(pH 8.2)：称取巴比妥钠 17.0 g，溶解于蒸馏水中，加 1 mol/L 盐酸 24.6 mL，再用蒸馏水定容至 1 L(用于凝胶配制)。

(3)10 mmol/L 乙二胺四乙酸二钠：称取 $EDTA\text{-}Na_2$ 372 mg，溶解于蒸馏水中，并定容至 100 mL。

(4)5 g/L 琼脂糖凝胶：称取琼脂糖 2 g，加入 200 mL pH 8.2 的巴比妥—盐酸缓冲液中，再加入 $EDTA\text{-}Na_2$ 溶液 4.8 mL 以及蒸馏水 195.2 mL。隔水煮沸溶解，不时摇匀，趁热分装到大试管中(10 mL /管)，冷却后用塑料膜密封管口置冰箱备用。

(5)8 g/L 琼脂糖凝胶：称取琼脂糖 0.8 g，加入 50 mL pH 8.2 的巴比妥-盐酸缓冲液中，再加入 $EDTA\text{-}Na_2$ 溶液 2 mL 以及蒸馏水 48 mL，配制方法同 5 g/L 琼脂糖凝胶。

(6)显色试剂：

①1 mol/L 乳酸钠溶液 50 mL：60%的乳酸钠 10 mL 溶于 40 mL 0.1 mol/L 的 PBS (pH 7.4)中，即按 1：4 配制。

②1 g/L 吩嗪二甲酯硫酸盐(PMS)：称取 50 mg PMS，加蒸馏水 50 mL 溶解。

③10 g/L NAD^+ 溶解于 10 mL 新鲜蒸馏水中。

④1 g/L 硝基蓝四氮唑(NBT)：称取 100 mg NBT，溶解于蒸馏水中，定容至 100 mL，置于低温保存。

⑤底物-显色液(临用前配制)：取上述各试剂按以下比例混合而成，(1)：(2)：(3)：(4)=1：0.3：1：3。

(7) 固定漂洗液：按乙醇：水：冰醋酸 = 700 mL：250 mL：50 mL 的比例混合。

(8)0.1 mol/L pH 7.5 PBS。

四、实验步骤及结果记录

(1)制备提取液：取兔内脏组织(心、肝、肾、肌肉)各 0.5～1.0 g，用 PBS 冲洗，分别剪碎制成匀浆，3000 rpm 离心 10 min，收集上清。

(2)制备琼脂糖凝胶玻片：取冰箱保存的 5 g/L 缓冲琼脂糖凝胶一管，置沸水浴中融化。用吸管吸取已融化的凝胶液 1.5～3.0 mL，均匀铺在干净的 7.5 cm × 2.5 cm 载玻片上，冷却凝固后，于凝胶板阴极端 1～1.5 cm 处挖槽，用滤纸吸干槽内水分。

(3)加样：用微量加样器加 10～15 μL 上清于槽内。

(4)电泳：电压 75～100 V，电流 8～10 mA/片，电泳 60 min。

(5)显色：在电泳结束前 5～10 min，将底物显色液与沸水浴融化的 8 g/L 琼脂糖凝胶按 4：5 的比例混合，制成显色凝胶液，置 37 ℃热水中备用，注意避光。终止电泳后，取凝胶玻片置于铝盒内，立即用滴管吸取显色凝胶约 1.2 mL，迅速滴加到凝胶玻片上，使其自然展开覆盖全片，带显色凝胶凝固后，加盖避光，铝盒在 37 ℃水浴中浮出水面保温 15 min。

(6)固定和漂洗：取出显色的凝胶玻片，浸入固定漂洗液中 15～20 min，直至背景无黄色为止，再用蒸馏水漂洗 2 次，每次 10～15 min。

(7)观察：根据在碱性介质中乳酸脱氢酶同工酶由负极向正极泳动速率递减的顺序，电泳条带由正极到负极依次为：$LDH_1(H_4)$、$LDH_2(H_3M)$、$LDH_3(H_2M_2)$、$LDH_4(HM_3)$、$LDH_5(M_4)$。按各区带呈色的深浅，比较 LDH 各同工酶区带呈色强度的关系。正常人 LDH 同工酶电泳图像上呈色深浅关系为：$LDH_2 > LDH_1 > LDH_3 > LDH_4 > LDH_5$，$LDH_5$ 显色很浅。

(8)计算：将各区带切开，分别装入试管中，加入 400 g/L 尿素 4 mL，于沸水浴中煮沸 5～10 min，取出冷却后以 570 nm 波长比色。空白管取大小相同但无同工酶区带的凝胶，用上述相同的方法处理。比色后根据各管吸光度计算各同工酶百分率。吸光度总和：

$$A_{总} = A_{LDH_1} + A_{LDH_2} + A_{LDH_3} + A_{LDH_4} + A_{LDH_5} \quad (3\text{-}2\text{-}4)$$

式中，A_{LDH_1}、A_{LDH_2}、A_{LDH_3}、A_{LDH_4}、A_{LDH_5} 为各同工酶区带的吸光度。

计算得 $A_{总}$ = ________________。

各同工酶百分率为________________。

LDH_1 百分率 = $(A_{LDH_1}/A_{总}) \times 100\%$ = ________________。

LDH_2百分率$=(A_{LDH_2}/A_{总})\times 100\%=$________________。

LDH_3百分率$=(A_{LDH_3}/A_{总})\times 100\%=$________________。

LDH_4百分率$=(A_{LDH_4}/A_{总})\times 100\%=$________________。

LDH_5百分率$=(A_{LDH_5}/A_{总})\times 100\%=$________________。

五、注意事项

(1)健康成年人血清中 LDH 同工酶百分比的规律是 $LDH_2>LDH_1>LDH_3>LDH_4>LDH_5$。

(2)红细胞中 LDH_1 与 LDH_2 活性很高,因此标本严禁溶血。

(3)LDH_4 与 LDH_5(尤其是 LDH_5)对热很敏感,因此底物—显色液的温度不能超过 50 ℃,否则容易变性失活。

(4)LDH_4 与 LDH_5 对冷不稳定,容易失活,应采用新鲜标本测定。如果需要,血清应该置于 25 ℃条件下保存,一般可保存 2～3 天。

(5)PMS 对光敏感,故底物—显色液须避光,否则显色后凝胶板背景颜色较深。

(6)可用 0.5～1.0 mol/L 的乳酸锂溶液(pH 7.0)代替上述乳酸钠溶液。乳酸锂化学性质稳定,易称量,还可避免乳酸钠长期放置后产生的酮类物质对酶促反应造成的抑制作用。

六、思考题

(1)简述乳酸脱氢酶同工酶的种类及分布。

(2)简述血清乳酸脱氢酶同工酶分析的临床意义。

(宋刚)

实验五 等电聚焦电泳技术分离乳酸脱氢酶同工酶

一、实验目的

(1)了解等电聚焦电泳技术(isoelectric focusing,IEF)的原理。

(2)掌握聚丙烯酰胺凝胶垂直管式等电聚焦电泳技术分离乳酸脱氢酶(LDH)同工酶的原理及操作。

(3)复习同工酶的有关理论知识。

二、实验原理及临床意义

1. 等电聚焦电泳技术原理

等电聚焦电泳技术利用电场和特殊的缓冲液(两性电解质)在凝胶介质(常用聚丙烯酰胺凝胶)内制造一个由阳极到阴极逐渐增加的 pH 梯度。因蛋白质分子具有等电点及两性解离的特征,位于碱性区域的蛋白质分子带负电荷向阳极移动,位于酸性区域的蛋白质分子带正电荷向阴极移动,直至其在等电点(pI)的 pH 处停止移动(此时该蛋白质不再带有净的正电荷或负电荷),形成一个很窄的区带。此技术中,等电点是蛋白质组分的特性量度。将等电点不同的蛋白质混合物加入有 pH 梯度的凝胶中,在电场内泳动一定时间后,各组分将分别聚焦在各自 pI 相应的 pH 位置上,形成分离的蛋白质区带。

2. 等电聚焦电泳技术分离 LDH 同工酶原理

同工酶指生物体内催化相同反应,但蛋白结构、组成略有不同,表现出理化性质和动力学性质不同的一组酶。目前,已发现 5 种 LDH 同工酶,都能催化乳酸脱氢产生丙酮酸,是由 H 和 M 亚基按不同比例组成的四聚体,即 H_4 (LDH_1)、H_3M (LDH_2)、H_2M_2 (LDH_3)、HM_3 (LDH_4)和 M_4 (LDH_5)。心肌中 LDH_1 含量高,骨骼肌及肝中 LDH_5 含量高。这 5 种同工酶的 pI 各不相同,LDH_1 为 pH 4.5,LDH_5 为 pH 9.5,$LDH_{2\sim4}$ 依次位于 pH 4.5 至 pH 9.5 之间,因此可利用等电聚焦电泳技术将它们分离。之后,再利用辅酶Ⅰ(NAD^+)、甲硫吩嗪(PMS)和氯化硝基四氮唑蓝(NBT)的混合液使酶的区带显色,最后用洗脱比色法或光密度计扫描定量。LDH 同工酶显色反应的原理如下:LDH 首先催化乳酸脱氢,脱下的两个氢经 NAD、PMS,最后传递给 NBT,使氧化型 NBT 转变为还原型 NBT(即 $NBTH_2$)。$NBTH_2$ 又名甲臜,是一种不溶于水的蓝紫色化合物,其颜色深浅与 LDH 酶活力的大小成正比。反应式如下:

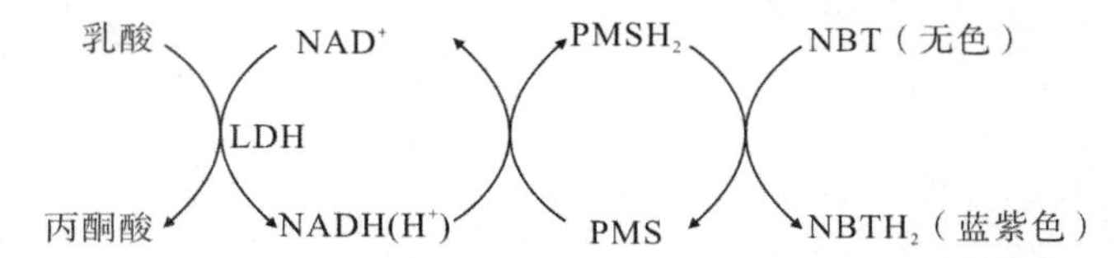

在不同组织中,LDH 同工酶谱是不同的,心肌中以 LDH_1 含量高,骨骼肌及肝中 LDH_5

含量高。心肌损伤、肝脏损伤、恶性肿瘤、血液病、肾脏病等疾病患者的血清 LDH 同工酶谱会发生改变,临床上对 LDH 同工酶谱进行检测,能准确反映出患病组织的部位、程度以及治疗疗效和预后。

三、实验用品

1. 材料

电泳仪、垂直管式圆盘电泳槽一套、注射器与针头、移液管各种吸管(10 mL、5 mL、2 mL、1 mL、0.1 mL)、小烧杯若干、培养皿、精密 pH 试纸、塑料薄膜和橡皮筋、凝胶成像仪。

2. 试剂

(1)丙烯酰胺贮液(30%丙烯酰胺,交联度 2.6%):30 g 丙烯酰胺和 0.8 g 甲叉双丙烯酰胺溶于去离子水,定容至 100 mL,滤去不溶物后存于棕色瓶中,于 4 ℃可保存数月。

(2)两性电解质 Amphline(40%,pH 3.5~10)。

(3)过硫酸铵(1 mg/mL):称取 100 mg 溶于 100 mL 去离子水中,当天配制。

(4)四甲基乙二胺(TEMED)。

(5)阳极电极液(0.1 mol/L H_3PO_4):3.4 mL 浓磷酸(85%)加去离子水至 500 mL,每个电泳槽用 500 mL。

(6)阴极电极液(0.5 mol/L NaOH):2 g NaOH 加去离子水溶解至 500 mL,每个电泳槽用 500 mL。

(7)蛋白质样品(由老师准备):断脊椎处死小鼠,取小鼠骨骼肌、肝脏、心脏和脑组织各 100 mg,加入 5 倍组织重的组织匀浆缓冲液(0.01 mol/L 磷酸盐缓冲液,pH 6.5),用玻璃匀浆器匀浆,离心(13 000 rpm,15 min)。取上清液,于 4 ℃保存备用。

(8)LDH 同工酶染色液(由老师准备):按照辅酶 I(NAD^+,5 mg/mL)∶乳酸钠(1 mg/mL)∶氯化钠(0.1 mol/L)∶NBT(1 mg/mL)∶PMS(1 mg/mL)∶磷酸盐缓冲液(PBS,0.5 mol/L,pH 7.5)=4∶2.5∶2.5∶10∶1∶5 的比例进行配制,现配现用。

(9)脱色液(2%乙酸):10 mL 冰乙酸加去离子水至 500 mL。

四、实验步骤及结果计算

(1)按表 3-2-11 配胶(胶浓度 5.0%,胶液总体积 8 mL,可装 4 支管)。其中,过硫酸铵是凝胶聚合的催化剂,需最后加入,加入后马上摇匀,并立即装管。

表 3-2-11　配胶

品　名	各成分所需的体积/mL
丙烯酰胺贮液	1.33
Amphline	0.4
TEMED	0.008
蛋白质样品	0.080
去离子水	2.18
1 mg/mL 过硫酸铵	4.0

2. 装管

每组装 4 支管。洗净圆盘电泳槽的玻璃管后，底端用塑料薄膜和橡皮筋封口，垂直置于试管架上，用移液管将配好的胶液移入管内(每根管的容量约为 1.5～1.8 mL)，液面加至距管口约 1 mm 处，用注射器轻轻加入少许去离子水进行水封，以使胶柱顶端平坦。胶管垂直静置 30 min 使胶凝聚。聚合后可观察到水封下的折光面。

3. 电泳

以滤纸条吸去胶管上端的水封，除去下端的薄膜。水封端向上，将胶管垂直插入圆盘电泳槽内，记下管号。调节各管的高度，约 1/3 在上槽，2/3 在下槽。之后往上槽加入阳极电极液，下槽加入阴极电极液，淹没各管口和电极，用注射器除去管口的气泡。上槽接正极，下槽接负极，开启电泳仪，恒压 150 V，电泳 2～3 h，至电流接近零且不再降低时停止电泳。

4. 剥胶

取下胶管，用去离子水将胶管和两端洗 2 次，然后沿管壁轻轻插入注射器针头，在内插针头和转动胶管的同时分别向胶管两端注入少许去离子水，胶条即可自行滑出(若不滑出可用洗耳球轻轻吹出)。将胶条置于培养皿内，标记正极端为“头”，负极端为“尾”(若分不清可用 pH 试纸鉴定，酸性端为正，碱性端为负)。

5. 染色、脱色及定量

往培养皿中倒入适量 LDH 同工酶染色液，轻轻摇动培养皿，使胶条完全浸泡在染色液中，染色过程中要注意避光。待大多数条带显现蓝紫色时即可除去染色液，显色时间一般为 15～30 min。加入脱色液终止酶促反应，摇动 3～5 min，使凝胶底色脱去至背景清亮。可观察到 LDH_1 条带位于正极端，LDH_5 条带位于负极端，$LDH_{2\sim4}$ 依次位于 LDH_1 和 LDH_5 之间。将胶条用凝胶成像仪进行扫描，并对 $LDH_{1\sim5}$ 的条带进行光密度(light density，LD)定量。

6. 计算

根据 $LDH_{1\sim5}$ 条带的光密度值($A_{1\sim5}$)，计算这 5 种同工酶的百分比(%)，以分析小鼠各组织 LDH 同工酶谱的差别。计算公式如下：

$$LDH_1(\%) = A_1/(A_1+A_2+A_3+A_4+A_5) \times 100\% \quad (3\text{-}2\text{-}3)$$

$$LDH_2(\%) = A_2/(A_1+A_2+A_3+A_4+A_5) \times 100\% \quad (3\text{-}2\text{-}4)$$

$$LDH_3(\%) = A_3/(A_1+A_2+A_3+A_4+A_5) \times 100\% \quad (3\text{-}2\text{-}5)$$

$$LDH_4(\%) = A_4/(A_1+A_2+A_3+A_4+A_5) \times 100\% \quad (3\text{-}2\text{-}6)$$

$$LDH_5(\%) = A_5/(A_1+A_2+A_3+A_4+A_5) \times 100\% \quad (3\text{-}2\text{-}7)$$

五、注意事项

(1)电泳时电流不要太高，防止热效应引起 LDH 同工酶失活，有条件的可将电泳槽置于冰水混合物(液面不高于电泳槽顶端)或 4 ℃层析柜中进行电泳。

(2)LDH 同工酶活性染色时间不要太长，一般以 15～30 min 为宜，当大多数条带均显蓝紫色时即可终止染色。

(3)因 PMS 对光敏感，故染色液保存及染色过程须避光，否则易造成显色后凝胶背景颜色过深进而影响结果。

六、思考题

试述 LDH 同工酶测定的临床意义。

（占艳艳）

实验六　血清丙氨酸氨基转移酶活力测定

一、实验目的

(1)掌握丙氨酸氨基转移酶测定的基本原理。

(2)熟悉丙氨酸氨基转移酶比色法测定的基本方法和临床意义。

二、实验原理及临床意义

1. 实验原理

丙氨酸氨基转移酶(alamineaminotransferase,ALT),又称谷丙转氨酶(glutamination pyruvic transaminase,GPT),作用于 L-丙氨酸和 α-酮戊二酸之间的氨基转移过程,其反应式如下:

$$丙氨酸+\alpha\text{-}酮戊二酸 \xrightleftharpoons{ALT} 丙酮酸+谷氨酸$$

目前,测定丙氨酸氨基转移酶的方法主要有两类:①测定丙氨酸转移酶的动力学方法,此方法需要紫外-分光光度计和酶制剂等;②利用丙酮酸与 2,4-二硝基苯肼作用,生成二硝基苯腙,此物质在碱性溶液中呈红棕色,通过测定二硝基苯腙在 480～530 nm 波长处的吸光度求得丙酮酸的生成量,以此测得丙氨酸氨基转移酶的活性。其反应式如下:

$$丙酮酸+2,4\text{-}二硝基苯肼 \longrightarrow 丙酮酸二硝基苯腙+H_2O$$

国内采用的血清丙氨酸氨基转移酶比色测定法有 3 种,即赖氏(Reitman-Frankel)法、金氏(King)法、改良穆氏(Mohum)法。这 3 种方法的原理、试剂和操作步骤等基本相同,而酶作用的时间有所不同,赖氏法和改良穆氏法为 30 min,金氏法为 60 min;这 3 种方法主要的不同点在于其单位定义和标准曲线的绘制方法,因此测定结果的单位数值和正常值也不相同。由于赖氏法所规定的单位数,是实验方法和卡门氏分光光度法作对比测定所得,比较准确(卡门氏单位定义:1 mL 血清,反应总体积为 3 mL,340 nm 波长,1 cm 光径,25 ℃,1 min内所生成的丙酮酸,使 NADH 氧化成 NAD^+ 而引起的吸光度每下降 0.001 为一个单位)。本实验主要采用赖氏法。

2. 临床意义

血清丙氨酸氨基转移酶测定在临床上有重要意义。丙氨酸氨基转移酶,主要存在于组织细胞中,正常状况下只有极少量释放入血液中,所以此酶在血清中的活性很低。当组织发生病变时,组织细胞中丙氨酸氨基转移酶就大量释放入血液,使血清中该酶的活性升高。血清中丙氨酸氨基转移酶主要来源于肝脏,各种肝炎活动期、肝癌、肝硬化和阻塞性黄疸时,血清中的丙氨酸氨基转移酶的活性显著增高;但此酶的特异性不高,心肌梗死时丙氨酸氨基转移酶的活性会有轻度增高;许多肝内、肝外疾病,如肝脓肿、胆道疾患、恶性肿瘤、急性胰腺炎、肾炎、手术后恢复期、在采用某些药物治疗时,甚至上呼吸道感染都会引起丙氨酸氨基转移酶活性升高。故使用血清丙氨酸氨基转移酶的检测结果诊断肝炎时，应综合判断。

赖氏法测得正常人丙氨酸氨基转移酶为 0～35 卡门氏单位。

三、实验用品

1. 器材

37 ℃恒温水浴箱、紫外-可见分光光度计（T6，北京普析通用）、刻度吸量管、滴管、试管等。

2. 试剂

(1)0.1 M，pH 7.4 的磷酸盐缓冲液。

(2)底物液（也称基质液）：（DL-丙氨酸 200 mmol/L，α-酮戊二酸 2 mmol/L）称取 DL-丙氨酸 1.78 g，α-酮戊二酸 29.2 mg，先溶于 50 mL 0.1 mol/L pH 7.4 的磷酸盐缓冲液中，然后以 1 mol/L NaOH 校正 pH 到 7.4，再以 0.1 mol/L pH 7.4 磷酸盐缓冲液定容至 100 mL（可加氯仿数滴防腐），保存于冰箱中备用。

(3)丙酮酸标准液（2 mmol/L）：准确称取丙酮酸钠 22.0 mg，溶于 0.1 mol/L pH 7.4 磷酸盐缓冲液，并定容至 100 mL（可加氯仿数滴防腐）。此试剂须新鲜配制。

(4)2,4-二硝基苯肼（1 mmol/L）：2,4-二硝基苯肼 19.8 mg，溶于 10 mol/L HCl，溶解后加蒸馏水至 100 mL。

(5)0.4 mol/L NaOH 溶液。

四、实验步骤及结果记录

1. 标准曲线制备

取试管 10 支，均设一重复管，编号，按表 3-2-12 操作：

表 3-2-12　标准曲线的制备

试　剂	管　号				
	0	1	2	3	4
0.1 mol/L 磷酸盐缓冲液/mL	0.10	0.10	0.10	0.10	0.10
2 mmol/L 丙酮酸标准液/mL	—	0.05	0.10	0.15	0.20
底物液/mL	0.50	0.45	0.40	0.35	0.30
2,4-二硝基苯肼（1 mmol/L）/mL	0.50	0.50	0.50	0.50	0.50
混匀，37 ℃水浴保温 20 min					
0.4 mol/L NaOH/mL	5.0	5.0	5.0	5.0	5.0
混匀后，静置 10 min，以蒸馏水调零点，520 nm 波长比色，分别读取各管 A_{520}					
丙酮酸的实际含量/mmol	0	0.10	0.20	0.30	0.40
相当于酶的活力单位/卡门氏单位	0	28	57	97	150
A_{520}					

以光密度 1～4 号管减去 0 管的差值为横坐标，以酶活力单位为纵坐标作图，即得标准

曲线。

2. 血清转氨酶活性测定

取试管4支，均设一重复管，编号，按表3-2-13操作：

表 3-2-13 血清转氨酶活性测定

试 剂	管 号	
	1(测定)	2(对照)
血清(血浆)/mL	0.10	—
底物液/mL	0.50	0.50
混匀，37 ℃水浴保温 30 min		
2,4-二硝基苯肼(1 mmol/L)/mL	0.50	0.50
混匀，37 ℃水浴保温 20 min		
血清	—	0.1
0.4 M NaOH/mL	5.00	5.00
A_{520}		

混匀，静置10 min，520 nm波长比色，以蒸馏水调零点，测定各管光密度。以测定管减去对照管的光密度差值，根据标准曲线，查得酶活力单位。

五、注意事项

(1)标本为健康人混合新鲜血清，空腹取血。应避免溶血，及时分离血清。

(2)酶活性的测定结果与温度、酶作用的时间、试剂加入量等有关，操作时应严格掌握。

(3)2,4-二硝基苯肼与丙酮酸的颜色反应并不是特异的，α-酮戊二酸也能与2,4-二硝基苯肼作用而显色，此外，2,4-二硝基苯肼本身也有类似的颜色，因此空白颜色较深。

(4)当测定结果超过150卡门氏单位时，应用生理盐水稀释后再测。

六、思考题

(1)血清转氨酶测定的方法有哪些？有何临床意义？

(2)影响酶活性的因素有哪些？

(3)对照管有何意义？

(宋刚)

第三节　血液及肝胆生化检验

实验一　胰岛素、肾上腺素对血糖浓度的影响

一、实验目的

(1)观察胰岛素和肾上腺素对家兔血糖浓度的影响。

(2)掌握血糖浓度的测定方法。

(3)掌握葡萄糖氧化酶法测定血糖浓度的原理和方法。

(4)掌握血糖浓度的正常参考值,了解血糖测定的临床意义。

二、实验原理及临床意义

1. 胰岛素、肾上腺素对血糖浓度的影响

血糖是指血液中的糖,由于正常人血液中糖主要是葡萄糖,所以一般认为血糖是指血液中的葡萄糖。正常人空腹血糖浓度为3.9～6.1 mmol/L。全身各组织都从血液中摄取葡萄糖以氧化供能,特别是脑、肾、红细胞、视网膜等组织合成糖原能力极低,几乎没有糖原贮存,必须不断由血液供应葡萄糖。当血糖下降到一定程度时,就会严重妨碍脑等组织的能量代谢,从而影响它们的功能。所以维持血糖浓度的相对恒定有着重要的临床意义。

激素是调节机体血糖浓度的重要因素。在激素发挥调节血糖浓度的作用中,最重要的是胰岛素和胰高血糖素。肾上腺素在应激时发挥作用,而肾上腺皮质激素、生长激素、甲状腺素等都可影响血糖水平,但在生理性调节中仅居次要地位。其中,胰岛素能降低血糖,肾上腺素等激素能升高血糖。

本实验给两只家兔分别注射胰岛素和肾上腺素,取注射前、后兔的静脉血,测定血糖含量,观察注射前后血糖浓度变化,从而了解胰岛素和肾上腺素对血糖浓度的影响。

2. 葡萄糖氧化酶法测定血清葡萄糖

本实验是葡萄糖氧化酶(glucose oxidase,GOD)和过氧化物酶(peroxidase,POD)相偶联发生的反应。葡萄糖可由葡萄糖氧化酶(GOD)氧化成葡萄糖酸并产生过氧化氢,后者在过氧化物酶(POD)的作用下,能与苯酚及4-氨基安替比林作用产生红色醌类化合物。醌的产量与葡萄糖含量成正比。醌化合物呈红色,其颜色深浅与葡萄糖含量成正比,测定其吸光度,对照标准可计算出葡萄糖的含量。

第一步:葡萄糖氧化酶利用氧和水将葡萄糖氧化为葡萄糖酸,并释放过氧化氢。

$$\text{葡萄糖} + O_2 + H_2O \xrightarrow{GOD} \text{葡萄糖酸} + H_2O_2$$

第二步:过氧化物酶将过氧化氢分解为水和氧,并使色原性氧受体4-氨基安替比林和酚去氢缩合为红色醌类化合物(苯醌亚胺非那腙)。

$$H_2O_2 + \text{4-氨基安替比林} + \text{苯酚} \xrightarrow{POD} H_2O + \text{红色醌类物质}$$

本法测定葡萄糖具有极高的特异性,从原理反应式中可知第一步是特异反应,第二步特

异性较差。误差往往发生在反应的第二步。一些还原性物质如尿酸、维生素 C、胆红素、谷胱甘肽等,可与色原性物质竞争过氧化氢,从而消耗反应过程中所产生的过氧化氢,产生竞争性抑制,使测定结果偏低。

3. 临床意义

(1)生理性高血糖可见摄入高糖食物后或情绪紧张肾上腺素分泌增加时。

(2)病理性高血糖有如下几种常见情况。

①糖尿病:病理性高血糖常见于胰岛素绝对或相对不足的糖尿病患者。

②内分泌腺功能障碍:甲状腺功能亢进、肾上腺皮质功能及髓质功能亢进引起的各种对抗胰岛素的激素分泌过多也会出现高血糖。注意:升高血糖的激素增多引起的高血糖,现已归入特异性糖尿病中。

③颅内压增高:颅内压增高刺激血糖中枢,如颅外伤、颅内出血、脑膜炎等。

④脱水引起的高血糖:如呕吐、腹泻、高热等也可使血糖轻度增高。

(3)生理性低血糖:见于饥饿和剧烈运动。

(4)病理性低血糖:特发性功能性低血糖最多见,依次是药源性、肝源性、胰岛素瘤等。

①胰岛 β 细胞增生或胰岛 β 细胞瘤等,使胰岛素分泌过多。

②对抗胰岛素的激素分泌不足,如垂体前叶功能减退、肾上腺皮质功能减退和甲状腺功能减退而使生长素、肾上腺皮质激素分泌减少。

③严重肝病患者,由于肝脏储存糖原及糖异生等功能低下,肝脏不能有效地调节血糖。

三、实验用品

1. 器材

家兔 2 只、试管、注射器、刀片、棉球、离心管。

2. 试剂

(1)二甲苯、凡士林、胰岛素、肾上腺素、1%肝素抗凝剂、5 mmol/L 葡萄糖标准应用液、酶酚混合试剂。

(2)酶试剂:称取过氧化物酶 1200 U,葡萄糖氧化酶 1200 U,4-氨基安替比林 10 mg ,叠氮钠 100 mg ,溶于磷酸盐缓冲液 80 mL 中,用 1 mol/L NaOH 调 pH 至 7.0 ,用磷酸盐缓冲液定容至 100 mL,置于 4 ℃中可保存 3 个月。

(3)酚溶液:称取重蒸馏酚 100 mg 溶于蒸馏水 100 mL 中,用棕色瓶贮存。

(4)酶酚混合试剂:酶试剂及酚溶液等量混合,置于 4 ℃中可以存放 1 个月。

3. 仪器

离心机、恒温水箱、电热水浴锅 。

四、实验步骤及结果计算

(一)胰岛素、肾上腺素对血糖浓度的影响

1. 动物准备

取正常家兔两只,实验前预先饥饿 16 h,编号 1 号和 2 号,称体重记录。

2. 注射激素前取血(一般从耳缘静脉取血)

取干净的离心管 2 只,编号 1 号和 2 号,分别加入 1%肝素抗凝剂 0.01 mL。

将兔子剪去耳毛，用二甲苯擦拭兔耳，使其血管充血，再用干棉球擦干，于放血部位涂一薄层凡士林，再用粗针头或刀片刺破静脉放血到含抗凝剂的1号和2号试管中，各2～3 mL，边滴边摇，以防凝固。取血完毕，用干棉球压迫血管止血。

3. 注射激素并再采血

向1号兔子注射肾上腺素，腹部皮下注射，剂量为0.4 mg/kg体重；向2号兔子注射胰岛素，腹部皮下注射，剂量为0.75 U/kg体重。分别记录注射时间。

取干净离心管2只，编号1′号和2′号，分别加入1%肝素抗凝剂0.01 mL。在肾上腺素注射后30 min；胰岛素注射后1 h，分别如上述方法取血。注意在从注射胰岛素的兔子取血后，应立即用10 mL 250 g/L葡萄糖做腹腔内或皮下注射，以防家兔发生胰岛素休克（低血糖休克）。

4. 离心分离血浆

将收集的4管血液离心10 min（2500 rpm）。取上层血浆，转移至新的管中。

5. 测定血糖

分别测定各血样的糖含量，方法见（二）。

6. 计算

计算注射胰岛素后血糖降低和注射肾上腺素后血糖增高的百分率：

$$血糖改变百分率(\%)=\frac{\Delta BS}{注射前BS}\times 100\% \qquad (3\text{-}3\text{-}1)$$

式中，ΔBS＝注射后BS－注射前BS；"＋"值表示BS升高；"－"值表示BS降低（BS即血糖）。

（二）葡萄糖氧化酶法测定血浆葡萄糖

1. 测定

取试管6支，按表3-3-1操作：

表3-3-1　葡萄糖氧化酶法测定血浆葡萄糖

加入物	管号					
	空白管(1)	标准管(2)	注射肾上腺素一前(3)	注射肾上腺素一后(4)	注射胰岛素一前(5)	注射胰岛素一后(6)
血浆/mL	—	—	0.01	0.01	0.01	0.01
葡萄糖标准应用液/mL	—	0.01	—	—	—	—
蒸馏水/mL	0.01	—	—	—	—	—
酶酚混合试剂/mL	1.5	1.5	1.5	1.5	1.5	1.5
A_{505}	0					

混匀，置37 ℃水浴中，保温15 min；加2 mL水混合后在波长505 nm处比色，以空白管调零，读取标准管及各测定管的吸光度。

2. 计算

$$血浆葡萄糖(mmol/L)=\frac{A_{待测管}}{A_{标准管}}\times 5 \qquad (3\text{-}3\text{-}2)$$

本实验计算结果：血浆葡萄糖浓度＝＿＿＿＿＿＿。

五、注意事项

(1)胰岛素、肾上腺素对血糖浓度的影响：

①剃兔耳毛时，先用水润湿后再剃毛，要求耳缘静脉四周要剃干净，否则取血时易引起溶血。

②选用腹部皮肤做胰岛素和肾上腺素皮下注射，一手轻轻提起腹部皮肤，另一手持注射器以45°进针，针头不要刺入腹腔，更不要穿破皮肤注射到体外。

(2)葡萄糖氧化酶法测定血清葡萄糖：

①最后加酶酚混合试剂，各管反应时间应一致。

②因用血量甚微，操作中应直接加样本至试剂中，再吸试剂反复冲洗吸管，以保证结果可靠。

六、思考题

葡萄糖氧化酶法不能直接测定尿液葡萄糖含量；而且对于严重黄疸、溶血及乳糜样血清的情况，应先制备无蛋白血滤液，然后再进行测定。为什么？

（张云武）

实验二 糖化血红蛋白的测定

一、实验目的

(1)了解糖化血红蛋白测定的临床意义。

(2)了解糖化血红蛋白的常用检测方法。

(3)掌握糖化血红蛋白的亲和层析测定方法。

二、实验原理及临床意义

1. 糖化血红蛋白及其常见检测方法

糖化血红蛋白(glycated hemoglobin,GHb)是血液中红细胞内血红蛋白(Hb)与血糖结合的产物。血糖通过弥散方式进入细胞内,无须胰岛素参与。血糖与血红蛋白的结合过程缓慢且不可逆,糖化血红蛋白生成多少与血糖的高低密切相关。由于红细胞的寿命为120天,平均60天,所以糖化血红蛋白比例能够反映测定前1~2个月的平均血糖水平,是反映较长一段时间内血糖控制好坏的良好指标。糖化血红蛋白越高表示血糖与血红蛋白结合越多,糖尿病病情也越重。它避免了每日血糖值波动造成的局限性,与病人抽血时间、是否空腹、是否使用胰岛素等因素无关。当糖尿病控制较好时其浓度在一定值范围内,如糖尿病控制不佳时其浓度可高至正常的2倍以上,因此成为糖尿病治疗过程中疗效监测的重要手段。

成人红细胞中的血红蛋白可分为HbA(占95%~97%以上)、HbA_2(<2.5%)和HbF(<1%)。HbA中未结合糖类的为HbA_0(90%),结合糖类的为HbA_1(5%~7%)。而HbA_1又可以分为HbA_{1a1}、HbA_{1a2}、HbA_{1b}和HbA_{1c}。其中HbA_{1c}占70%~90%。临床上所测定的糖化血红蛋白主要指HbA_{1c}。HbA_{1c}检测用于常规实验室始于20世纪70年代末期,且稳定发展至今,检查糖化血红蛋白已成为了解糖尿病控制良好与否的重要指标。国外已将糖化血红蛋白监测作为糖尿病疗效判定和调整治疗方案的"金指标"。目前,临床实验室中应用的糖化血红蛋白检测方法主要有两大类:一类方法是基于糖化血红蛋白与非糖化血红蛋白所带的电荷不同,如离子交换层析法、电泳等方法;另一类方法是基于血红蛋白上糖化基团的结构特点,如亲和层析、免疫法等。其中,高效液相离子层析法(HPLC)被公认为"金标准"。

(1)离子交换层析法:主要包括高效液相离子层析法(HPLC)、低效液相离子层析法(LPLC)和手工位柱。现在广泛使用的是HPLC。该方法是基于血红蛋白β链N末端缬氨酸糖化后所带电荷不同而建立,应用的是弱酸性阳离子交换树脂。由于HbA_{1c}所带正电荷相对较少,在一定的洗脱液和pH条件下,HbA_{1c}首先被洗脱,从而与其他组分分开。所得到的层析谱横坐标为时间,纵坐标为百分比。HbA_{1c}的值以HbA_{1c}峰面积占Hb总面积的百分比来表示。此方法测定的HbA_{1c}结果精确,准确性和重复性高,被美国临床化学协会和国际临床化学和实验室医学联盟建议作为检测HbA_{1c}的金标准。

(2)电泳法:基于糖化和非糖化 Hb 所带电荷的不同,酸性缓冲液条件下,在琼脂糖凝胶上移动速度不同而进行分离检测。电泳后,Hb 各组分从负极到正极分别是 HbA_{1a}、HbA_{1b}、HbA_{1c}和 HbA_0。通过吸光度扫描分析,可以计算出 HbA_{1c}的百分含量。

(3)亲和层析法:利用生物高分子可以和相应的专一配基分子可逆结合的原理来进行。已经发现硼酸盐能够与结合在 Hb 上的葡萄糖顺位二醇基可逆结合。当使用氨基苯硼酸琼脂糖凝胶作为载体,将血液样本加入层析柱中,所有的 GHb 与硼酸结合留在柱中,而非糖化 Hb 会被洗脱液(天门冬酰胺缓冲液)洗出。而后再加入也包含顺位二醇基的山梨糖醇缓冲液,即可把 GHb 洗脱下来。利用两部分 Hb 本身的颜色,在 415 nm 条件下测定并计算出 GHb 的含量。需要注意该方法检测的是总糖化血红蛋白,而不是 HbA_{1c}。

(4)免疫法:利用抗原-抗体特异性反应原理,制备特异性识别糖化血红蛋白的抗体,抗体可与糖化血红蛋白发生凝集反应,再通过比色或者比浊法测定其含量。

2. 亲和层析方法检测糖化血红蛋白

本实验是采用交联间-氨基苯硼酸的琼脂糖珠制作亲和层析凝胶柱,分离糖化和非糖化的 Hb。硼酸可以和结合在 Hb 分子上的葡萄糖的顺位二醇基反应,形成可逆的化合物,使得糖化 Hb 能够被选择性地结合在凝胶柱上,而非糖化 Hb 被洗脱。然后再用也包含顺位二醇基的山梨糖醇缓冲液,将糖化 Hb 从凝胶柱上解离洗脱下来。通过在 415 nm 分别测定洗脱液的吸光度,计算糖化 Hb 的百分率。

3. 临床意义

(1)对糖尿病的诊断作用:人外周血糖化血红蛋白的正常值为血红蛋白总量的 4%~7%,高于 7%则说明近两三个月以来血糖的平均水平高于正常。糖化血红蛋白每升高 1%,血糖值增高 0.5~1.0 mmol/L,因此,糖化血红蛋白可作为诊断、筛选糖尿病的指标之一,尤其是对于病因尚未明确而又在输注葡萄糖的昏迷患者,测定糖化血红蛋白可排除与糖尿病有关的昏迷。

(2)有助于了解糖尿病患者的长期血糖控制情况:血糖、尿糖只能反映测定当时的葡萄糖水平,而糖化血红蛋白的测定则可反映较长时间内(1~2 个月)血糖的平均水平。其测定的目的在于消除血糖波动对病情控制的影响,以弥补血糖、尿糖测定的不足。因此,糖化血红蛋白测定对血糖波动范围较大的脆性糖尿病患者来说,可作为一项十分有价值的观察指标。

(3)对于其他异常的指证:HbA_{1c}水平如果低于参考值,可能表明最近有低血糖发作、Hb 变异体存在或者红细胞生存期缩短。造成红细胞寿命缩短的原因可能有溶血性贫血或者其他溶血性疾病、妊娠、最近大量失血等。

三、实验用品

1. 材料

家兔 2 只、剪刀、镊子、棉球、粗针头、刀片、试管若干。

2. 试剂

(1)洗涤缓冲液:含 250 mmol/L 醋酸胺、50 mmol/L 氯化镁、200 mg/L 叠氮钠,pH 8.0,储存于室温。

(2)洗脱缓冲液:含 200 mmol/L 山梨醇、100 mmol/L Tris、200 mg/L 叠氮钠,pH

8.5，储存于室温。

(3)0.1 mol/L 和 1 mol/L 盐酸溶液、二甲苯、凡士林、抗凝剂等。

3. 仪器

亲和层析柱、紫外-可见分光光度计(T6，北京普析通用)。

四、实验步骤及结果计算

1. 动物准备

取正常兔子两只，实验前预先饥饿 16 h，编号 1 号和 2 号，称体重记录。

2. 取血(一般多从耳缘静脉取血)

取干净的离心管 2 只，编号 1 号和 2 号，分别加入 1%肝素抗凝剂 0.01 mL。

将兔子剪去耳毛，用二甲苯擦拭兔耳，使其血管充血，再用干棉球擦干，于放血部位涂一薄层凡士林，再用粗针头或刀片刺破静脉放血到含抗凝剂的 1 号和 2 号试管中，各 2～3 mL，边滴边摇，以防凝固。取血完毕，用干棉球压迫血管止血。

3. 离心分离血液

将收集的血液离心 30 min(3000 rpm)。吸去血浆、白细胞及血小板层，取 100 μL 压积红细胞至小试管中，加 2 mL 蒸馏水充分混匀，静置 5 min 后，重新混匀后再离心 10 分钟(3000 rpm)。取上清液(应为清亮)。

4. 层析柱准备

层析柱装 0.5 mL 固相凝胶(glyco-gel B)，保存于 4 ℃中，防止阳光直射。如凝胶变为紫红色应弃去。测定前取出直立放置至室温，拔去顶塞，将柱中液体倾去，再除去底帽，将层析柱插入试管中，加 2 mL 洗涤缓冲液，让洗涤缓冲液自然流出并弃去，当液体表面达到凝胶面时停止。

5. 非糖化 Hb 的洗脱

将上述经平衡洗涤过的层析柱插入 15 mm×150 mm，标为“a”的试管中。加 50 μL 清亮的血液至层析柱的凝胶面顶部，让其流出；再加 0.5 mL 洗涤缓冲液，让其流出，此时应保证血液样品完全进入凝胶；最后再加入 5 mL 洗涤缓冲液，让其流出。此时洗脱总体积为 5.55 mL，将其混匀。

6. 糖化 Hb 的洗脱

将上述层析柱转入标为“b”的试管中，加入 3 mL 洗脱缓冲液，让其流出，混匀。

7. 吸光度测定

用分光光度计，在波长 415 nm 以蒸馏水调“0”，分别测定 a、b 管的吸光度 A_a和 A_b。

8. 糖化血红蛋白含量的计算

$$\mathrm{GHb}(\%)=\frac{3.0\times A_a}{5.55\times A_b+3.0\times A_a}\times 100\% \qquad (3\text{-}3\text{-}3)$$

9. 层析柱的再生

用过的层析柱可以再生保存，但再生操作应尽快进行。首先，加 0.1 mol/L 盐酸 5 mL，让其流出并弃去；其次，加 1 mol/L 盐酸 3 mL，让其流出并弃去；最后，加 1 mol/L 盐酸 3 mL，塞上顶塞，并盖上底帽。在层析柱上标上用过的次数，放置冰箱暗处保存。一般层析柱可以反复使用 5 次。

五、注意事项

层析柱反复使用的次数有限,当凝胶变为紫红色应弃去。

六、思考题

(1)糖化血红蛋白的检测对糖尿病患者的诊断及其血糖控制有什么意义?
(2)亲和层析法检测的糖化血红蛋白与其他方法检测的糖化血红蛋白有什么区别?

(张云武)

实验三　血清脂蛋白琼脂糖凝胶电泳

一、实验目的

(1)掌握琼脂糖凝胶电泳分离血清脂蛋白的方法和原理。

(2)掌握正常人血浆脂蛋白的分类、性质和特点。

二、实验原理及临床意义

1. 实验原理

琼脂糖凝胶电泳的原理:琼脂糖为线性的多聚物,其基本结构是 1,3 联结的 β-D-半乳糖和 1,4 联结的 3,6-内醚-L-半乳糖通过氢键交替连接的直链多糖。当加热到 90 ℃以上时水中琼脂糖溶解,而温度下降到 35 ℃～40 ℃时形成良好的半固体状凝胶,此为琼脂糖多种用途的主要特征和基础。琼脂糖凝胶结构均匀,含水量大,占 98%～99%,样品在其中电泳时近似自由电泳;另外,由于琼脂糖不含带电荷的基团,电渗影响很小,对样品吸附极微,故固体支持物的影响较小,是一种良好的电泳材料,分离效果较好。琼脂糖凝胶电泳的速率快,区带整齐,图谱清晰,分辨率高,重复性好。

血清中脂类物质均以与载脂蛋白结合成水溶性脂蛋白(lipoprotein)的形式存在。各种脂蛋白所含载脂蛋白的种类及数量不同,因而不同脂蛋白的颗粒大小及电荷相差很大。以琼脂糖凝胶为支持物,在电场中进行电泳可使各种脂蛋白颗粒分开。

琼脂糖凝胶电泳分离血清脂蛋白方法的基本操作为:先将血清脂蛋白用脂类染料苏丹黑(或油红等)进行预染,再将预染过的血清置于琼脂糖凝胶中进行电泳分离。通电后,可以看到脂蛋白向正极移动,并分离出几个区带。正常人血清脂蛋白从负极到正极依次为 β-脂蛋白(最深)、前 β-脂蛋白(最浅)及 α-脂蛋白(比前 β-脂蛋白略深),在原点处应无乳糜微粒(图 3-3-1)。

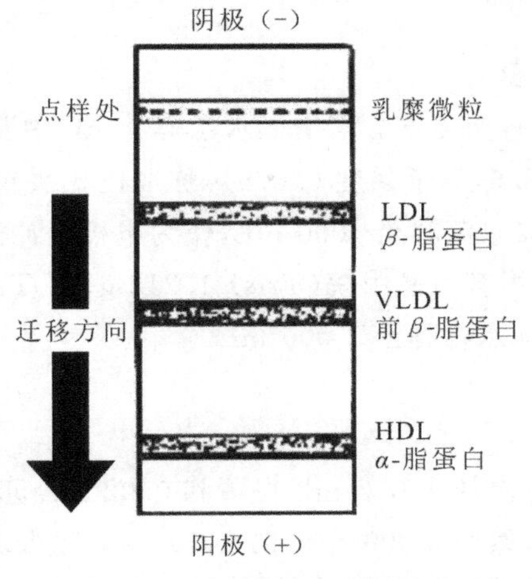

图 3-3-1　血清脂蛋白电泳图谱

2. 临床意义

(1)根据在电场中的迁移率不同,琼脂糖凝胶电泳分离正常人血清脂蛋白可出现 3 条区带,从负极到正极依次为 β-脂蛋白(最深)、前 β-脂蛋白(最浅)、α-脂蛋白(比前 β-脂蛋白略深),在原点处应无乳糜微粒。正常参考值(百分比):α-脂蛋白(α-LP,HDL 为主)25.7%±4.1%,前 β-脂蛋白(preβ-LP)21.0%±4.4%,β-脂蛋白(β-LP,LDL 为主)53.3%±5.3%。以 α-脂蛋白染色深浅记为(+),其余脂蛋白区带着色仅为 α-脂蛋白一半者记为(±),着色较 α-脂蛋白深约两倍者记为(++),三倍者记为(+++),依此类推。不着色者或着色很浅者记为(-)。正常着色深浅为 β-脂蛋白>α-脂蛋白>前 β-脂蛋白,无乳糜微粒,即 β-脂蛋白为(++),α-脂蛋白为(+),前 β-脂蛋白为(-)~(±),乳糜微粒为(-)。

(2)琼脂糖凝胶电泳分离血清脂蛋白可应用于高脂蛋白血症分型。根据血清脂蛋白电泳结果可将高脂蛋白血症分为几种不同的类型,并为不同类型的高脂蛋白血症、冠心病、高血压以及心肌梗死的临床诊断提供生化指标。高脂蛋白血症可分型如下:

Ⅰ型高脂蛋白血症:原点出现乳糜微粒,而 β-脂蛋白、前 β-脂蛋白均正常或减低,同时血清中甘油三酯含量明显升高。

Ⅱ型高脂蛋白血症:琼脂糖凝胶电泳结果显示 β-脂蛋白区带比正常血清明显深染,同时血清中总胆固醇含量明显增高而甘油三酯含量正常者为Ⅱa 型;琼脂糖凝胶电泳结果显示前 β-脂蛋白区带明显深染,同时血清总胆固醇含量增高而甘油三酯含量略高,则为Ⅱb 型。

Ⅲ型高脂蛋白血症:琼脂糖凝胶电泳结果显示 β-脂蛋白和前 β-脂蛋白两区带分离不开,连在一起,称"宽 β 区带",同时血清甘油三酯和胆固醇含量均有所增高。

Ⅳ型高脂蛋白血症:琼脂糖凝胶电泳结果显示前 β-脂蛋白比 α-脂蛋白深,同时血清甘油三酯含量明显升高,血清胆固醇含量正常或略高。

三、实验用品

1. 器材:电泳仪(ESP,上海天能)、水平式电泳槽、离心机(L500,湖南湘仪)、水浴锅、染色盘、微量加样枪、滤纸。

2. 试剂

(1)新鲜血清(无溶血现象)。

(2)苏丹黑染色液:将苏丹黑 0.5 g 溶于无水乙醇 5 mL 中至饱和。

(3)巴比妥缓冲液(pH 8.6,离子强度 0.075):称取巴比妥钠 15.4 g、巴比妥 2.76 g 及 EDTA 0.29 g,加水溶解后加水定容至 1000 mL,作为电极缓冲液。

(4)凝胶缓冲液:称取三甲基氨基甲烷(Tris) 1.212 g、EDTA 0.29 g 及 NaCl 15.85 g,加水溶解后,调 pH 至 8.6,加水稀释至 1 000 mL。

四、实验步骤

(1)预染血清:试管中依次加入 0.2 mL 血清和 0.02 mL 苏丹黑染色液,轻轻混匀后置于 37 ℃水浴中染色 30 min,然后 2 000 rpm 离心 10 min,除去多余染料。

(2) 配胶(配制琼脂糖凝胶):称取琼脂糖 0.50 g 加入含 50 mL 凝胶缓冲液的锥形瓶

中，再加水 50 mL。轻轻晃动锥形瓶，使其中琼脂糖均匀分布在溶液中。将锥形瓶置于水浴中加热至沸（或用微波炉），待琼脂糖完全溶解后，立即停止加热，冷却至 50 ℃～55 ℃。

(3)制板（制备琼脂糖凝胶板）：用胶带将凝胶板两端密封，放好梳子（梳齿规格 1 mm），将步骤(2)中 50 ℃～55 ℃琼脂糖凝胶液倒入凝胶板池中，静置约半小时待其凝固（天热时需延长，可放冰箱数分钟加速凝固）。凝胶凝固后厚度约 5 mm。

(4)加样（点加预染血清）：撕去凝胶板两端密封胶带，小心取出梳子，注意不要损坏梳齿边缘的凝胶。样品孔朝负极端，将凝胶板放置于电泳槽中。小心在电泳槽内倒入电极缓冲液，使电极缓冲液刚刚没过凝胶面。用微量加样枪和加样枪头吸取预染血清 20 μL 注入凝胶样品孔内，注意不要损坏加样孔边缘的凝胶。

(5)电泳：接通电源，按 10 V/cm 调整电泳电压（100～120 V），电流为 3～4 mA，电泳约 30～50 min，分离脂蛋白色带，等到染色区带到达凝胶的 2/3 处，至各带清晰分离时切断电源，取出凝胶板，以凝胶成像系统拍照记录结果。

(6)定量：

①切割比色法。将凝胶板上各脂蛋白色带分别切开置于装有 3 mL 蒸馏水的试管内。切相应大小的空白琼脂糖放入含 3 mL 蒸馏水试管内作为空白管。各管放入沸水浴中 3 min 至琼脂糖完全溶解，待冷，以空白管调零点，于 660 nm 处比色，记录吸光度，以 α-脂蛋白、前 β-脂蛋白和 β-脂蛋白 3 条区带吸光度总和比各区带的吸光度，求其百分比。

②扫描定量。预染脂蛋白琼脂糖凝胶电泳后将凝胶直接置于光密度扫描仪扫描，求出各区带含量百分比。输入样品血脂总量即可算出样品中各条带含量。

(7)保存：将电泳后之凝胶板放于清水中浸泡脱盐 2 h，然后放烘箱（80 ℃左右）烘干，用玻璃纸包好即可保留电泳样本。

(8)结果处理：

①描述结果、作图、对电泳图谱做定性或半定量分析。

②计算各条带的迁移率。

五、注意事项

(1)预染血清与温度有关，低温着色慢，高温着色快，37 ℃较为适宜。

(2)制备琼脂糖凝胶板要尽量使凝胶厚薄均一，否则会影响脂蛋白的分离效果。

(3)可用搭桥方法进行电泳。具体方法为：先在加样孔加样，再在电泳槽两端倒入少量电极缓冲液，将两层滤纸或纱布于巴比妥缓冲液中浸湿，然后轻轻紧密贴在凝胶板两端，搭桥滤纸或纱布的另一端浸于电泳槽内的巴比妥缓冲液中，最后接通电源进行电泳。

(4)将凝胶板放入电泳槽中，应切记与电力线平行，样品端应置负极，搭桥滤纸不能搭在样品上。

(5)脂蛋白易分解，血液样品必须新鲜，分离血清后应在 6 h 内进行电泳。室温下放置过久或冷藏过久都会造成分离效果不佳，尤其是前 β-脂蛋白带会不清楚或消失。

(6)制备保存干胶时，要严格控制脱水的温度和速度，避免脱水时温度过高、速度太快引起凝胶龟裂。

(7)使用切割比色法对样品进行半定量的结果不够准确，误差较大。

六、思考题

(1)琼脂糖凝胶电泳有哪些操作要点?

(2)为什么正常人血清脂蛋白电泳时见不到乳糜微粒区带?

(3)琼脂糖凝胶电泳实验中有哪些注意事项?

(吕文清)

实验四　酶法测定血清中的甘油三酯

方法一　一步终点比色法(酶法试剂盒检测)

一、实验目的

(1)掌握血清甘油三酯酶法测定的原理。

(2)熟悉血清甘油三酯测定的临床意义。

二、实验原理及临床意义

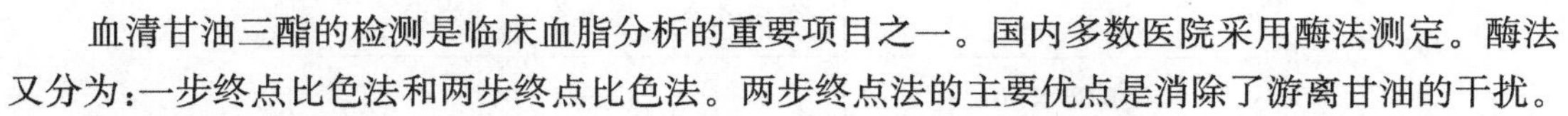

血清甘油三酯的检测是临床血脂分析的重要项目之一。国内多数医院采用酶法测定。酶法又分为:一步终点比色法和两步终点比色法。两步终点法的主要优点是消除了游离甘油的干扰。

本实验所采用的一步终点比色法试剂盒测定血清甘油三酯的原理为:脂蛋白脂肪酶(lipoprotein lipase,LPL)可将甘油三酯水解成甘油和脂肪酸,甘油在甘油激酶催化下生成磷酸甘油,后者在磷酸甘油氧化酶(glycerol phosphate oxidase,GPO)催化下,生成磷酸二羟丙酮和 H_2O_2。H_2O_2 在过氧化物酶(POD)催化下与 4-氨基安替比林(4-AAP)及 3-乙基-N-(3-磺丙基)-3-甲基苯胺(ESPAS)反应生成紫色醌亚胺染料。形成的醌亚胺染料色泽强度在 546 nm 波长的吸光度值与样品中甘油三酯的含量成正比。在同样条件下,利用比色法测定标准样品溶液和待测血浆样品反应生成的醌亚胺染料溶液吸光度(A)值,即可求出待测血清样品中甘油三酯的浓度。相关反应如下:

$$\text{甘油三酯(TG)} + 3H_2O \xrightarrow{\text{脂蛋白脂酶}} \text{甘油} + 3RCOOH\text{(脂肪酸)}$$

$$\text{甘油} + ATP \xrightarrow{\text{甘油激酶}} \text{甘油-1-磷酸} + ADP$$

$$\text{甘油-1-磷酸} + O_2 \xrightarrow{\text{磷酸甘油氧化酶}} \text{磷酸二羟丙酮} + H_2O_2$$

$$H_2O_2 + \text{4-AAP} + \text{ESPAS} \xrightarrow{\text{过氧化物酶}} \text{醌亚胺染料} + 2H_2O$$

该法的主要缺点是测定结果包括血清中的游离甘油,可用两步终点法去除游离甘油的干扰。

美国国家胆固醇教育计划对空腹 TG 水平分解线的修订意见为(1993 年):

TG 正常:$<$ 2.3 mmol/L。

TG 增高的边缘:2.3～4.5 mmol/L。

高 TG 血症:$>$ 4.5 mmol/L。

胰腺炎高危:$>$ 11.3 mmol/L。

三、实验用品

1. 器材

酶标仪(FC,Thermo),酶标架和酶标条或酶标板、电热恒温鼓风干燥箱(DHG-9246A,

上海精宏)、移液器。

2. 试剂

Good'S 缓冲液(pH 7.2,≥30 mmol/L)、脂蛋白脂肪酶(LPL,≥3 kU/L①)、甘油激酶(GK,≥1 kU/L)、ATP(≥0.5 mmol/L)、磷酸甘油氧化酶(GPO,≥2 kU/L)、过氧化物酶(POD,≥2 kU/L)、4-氨基安替比林(4-AAP,1 mmol/L)、3-乙基-*N*-(3-磺丙基)-3-甲基苯胺(≥0.3 mmol/L)、蔗糖(≥2 g/L)、甘油 20.8 mg/100 mL(相当于 TG 2.26 mmol/L 即 200 mg/100 mL,只适用于一步法)。

四、实验步骤及结果计算

(1)取酶标架和酶标条,酶标孔编码记录后按表 3-3-2 操作,各组设平行重复孔 3 个。

表 3-3-2　一步终点比色法测定血清甘油三酯

试　剂	孔　别		
	空白孔	标准孔	测定孔
蒸馏水/μL	3	—	—
2.26 mmol/L 标准品/μL	—	3	—
血清/μL	—	—	3
酶试剂(工作液)/μL	300	300	300
A_{550}	0		

混匀,37 ℃水浴 5 min,以空白管调零,在 550 nm 波长下用酶标仪测定各孔 *A* 值。

(2)按如下方法计算血清甘油三酯浓度:

$$\text{甘油三酯浓度(mmol/L)}=\frac{\text{测定管}A\text{值}-\text{空白管}A\text{值}}{\text{标准管}A\text{值}-\text{空白管}A\text{值}}\times\text{标准液浓度}\qquad(3\text{-}3\text{-}4)$$

五、注意事项

(1)试剂出现混浊、沉淀、变色等异常情况或试剂空白吸光度大于 0.1 时,请勿使用。

(2)GPO 纯度不高时,可因其他氧化酶的存在而产生额外的 H_2O_2,使得结果偏高。

(3)温度控制、吸量的准确度对结果影响较大。

(4)血清标本采集前应禁食 12 h,2 ℃~8 ℃储存不超过 2 天,以免使磷脂水解产生甘油,使甘油三酯测定结果升高。计划要保存超过 2 天再测试的应在−70 ℃或更低温度中存储。样品不得反复冻融。

(5)试剂应于 2 ℃~8 ℃避光保存,启用后可稳定一个月,不可冷冻。

(6)胆红素≤40 mg/dL、抗坏血酸≤2 g/L、血红蛋白≤5 g/L 对测定结果无影响。

(7)当样品测定结果高于 9.04 mmol/L 时,应将样本用生理盐水稀释后重新测定,样品

① kU 为千个单位。

的结果＝稀释后测得值×稀释倍数，稀释倍数不得超过4倍。

(8)试剂测定主波长可以在500～600 nm之间任意选择，546 nm为主波长可获得最高灵敏度，以600 nm为测定主波长，可有效降低标本中血红蛋白、脂浊干扰。

(9)单位换算：1 mg/dL×0.01129＝1 mmol/L

六、思考题

(1)简述一步终点比色酶法测定甘油三酯的原理。

(2)正常人空腹血清甘油三酯浓度是多少？说明TG测定的临床意义。

（吕文清）

方法二　两步终点比色法（包含一步法）

一、实验目的

(1)掌握血清甘油三酯酶法测定的原理。

(2)熟悉血清甘油三酯测定的临床意义。

二、实验原理及临床意义

血清甘油三酯的测定是临床血脂分析的重要内容之一。国内多数医院采用酶法测定。酶法又分为：一步终点比色法和两步终点比色法。两步终点法的主要优点是消除了游离甘油的干扰。

用脂蛋白脂肪酶(LPL)将血清中的甘油三酯水解成甘油与脂肪酸，甘油在甘油激酶催化下，生成磷酸甘油，后者在磷酸甘油氧化酶(GPO)催化下，生成磷酸二羟丙酮和H_2O_2，再以过氧化物酶(POD)、4-氨基安替比林(4-AAP)与4-氯酚(三者合称PAP)生成苯醌亚胺非那腙显色，测定H_2O_2，故本法称为GPO-PAP法。反应如下：

$$\text{甘油三酯(TG)} + 3H_2O \xrightarrow{LPL} \text{甘油} + 3RCOOH\text{(脂肪酸)}$$

$$\text{甘油} + ATP \xrightarrow{GK} \text{甘油-1-磷酸} + ADP$$

$$\text{甘油-1-磷酸} + O_2 \xrightarrow{GPO} \text{磷酸二羟丙酮} + H_2O_2$$

$$H_2O_2 + 4-AAP + 4-\text{氯酚} \xrightarrow{POD} \text{苯醌亚胺非那腙} + 4H_2O$$

形成的苯醌亚胺非那腙，在500 nm波长处有最大光吸收值。其颜色强度与样品中甘油三酯的浓度成正比。

以上为一步终点法以及TG测定试剂盒测定TG的原理。其主要缺点是测定结果包括血清中的游离甘油。去除游离甘油的方法有两种：

(1)外空白法，即同时采用不含LPL的酶试剂测定游离甘油作为空白对照，缺点是加大了试剂用量，成本加倍。

(2)内空白法(两步法、双试剂法)，即将试剂分两步加入。将LPL和4-AAP组成试剂

Ⅱ,其余为试剂Ⅰ。血清加试剂Ⅰ,37 ℃温育后,因无 LPL 存在,甘油三酯不被水解,游离甘油在 GK(甘油激酶)和 GPO 作用下生成 H_2O_2,因反应体系中不含 4-AAP,不显色,由此除去游离甘油。再加入试剂Ⅱ测出甘油三酯水解生成的甘油。

(3)正常参考值:0.56～1.7 mmol/L,老年约为 2.26 mmol/L。美国国家胆固醇教育计划对空腹 TG 水平分解线的修订意见为(1993 年):

①TG 正常:< 2.3 mmol/L。

②TG 增高的边缘:2.3～4.5 mmol/L。

③高 TG 血症:> 4.5 mmol/L。

④胰腺炎高危:> 11.3 mmol/L。

(4)GPO 纯度不高时,因其他氧化酶的存在而产生额外的 H_2O_2,使得结果偏高。

三、实验用品

1. 器材

紫外-可见分光光度计(T6,北京普析通用)、恒温水浴箱、试管。

2. 试剂

(1)一步法试剂:Tris-HCl 缓冲液(pH 7.6,浓度为 150 mmol/L),胆酸钠(3.5 mmol/L),硫酸镁(17.5 mmol/L),4-氨基安替比林(4-AAP,1 mmol/L),4-氯酚(3.5 mmol/L),Triton X-100(0.1 g/L),LPL 或脂肪酶(3000 U/L),甘油激酶(GK,250 U/L),ATP(0.5 mmol/L),磷酸甘油氧化酶(GPO,3000 U/L),过氧化物酶(POD/辣根,1000 U/L)。

(2)两步法试剂:

①Tris-HCl 缓冲液——150 mmol/L,pH 7.6,每升含硫酸镁 10 mmol、胆酸钠 3.5 mmol、ATP 1 mmol、4-氯酚 2.5 mmol、Triton X-100 0.1 g/L。

②手工法应用试剂Ⅰ——酶液Ⅰ5 mL 与 Tris 缓冲液 45 mL 混合。

③手工法应用试剂Ⅱ——酶液Ⅱ5 mL 与 Tris 缓冲液 45 mL 混合。自动分析时,缓冲液与酶液Ⅰ和酶液Ⅱ的最终比例为 9∶0.5∶0.5。

④标准液——2 mmol/L 三油酸酯水溶液。三油酸酯(纯品)177 mg,加 Triton X-100 5 mL,摇动成乳浊状,56 ℃保温 10 min,澄清后加蒸馏水 90 mL,冷却后再加蒸馏水至100 mL混匀,4 ℃保存,切勿冷冻。

⑤甘油 20.8 mg/100 mL——相当于 TG 2.26 mmol/L,即 200 mg/100 mL,只适用于一步法。

⑥酶液Ⅰ——上述 Tris-HCl 缓冲液 50 mL 中溶入 GK 500 U、GPO 3000 U、POD 1000 U。

⑦酶液Ⅱ——上述 Tris-HCl 缓冲液 50 mL 中溶入 LPL 3000 U、4-AAP 1 mmol。

四、实验步骤和结果计算

1. 一步法

取 9 只试管,每组 3 管,按表 3-3-3 操作。

表 3-3-3　一步终点法测定血清甘油三酯

试剂	管别		
	测定管	标准管	空白管
血清/mL	0.01	—	—
标准液/mL	—	0.01	—
蒸馏水/mL	—	—	0.01
酶试剂/mL	1.0	1.0	1.0
A_{500}			0

混匀，37 ℃水浴 10 min，空白调零，500 nm 波长下用酶标仪测定各孔 A 值。

2. 两步法

取 9 只试管，每组 3 管，按表 3-3-4 操作。

表 3-3-4　两步终点法测定血清甘油三酯

试剂	管别		
	测定管	标准管	空白管
血清/mL	0.01	—	—
标准液/mL	—	0.01	—
蒸馏水/mL	—	—	0.01
酶液Ⅰ/mL	0.5	0.5	0.5
混匀，于 37 ℃水浴 5 min			
酶液Ⅱ/mL	0.5	0.5	0.5
A_{500}			0

混匀，37 ℃水浴 10 min，空白调零，500 nm 波长下用酶标仪测定各孔 A 值。

结果计算：

血清甘油三酯浓度(mmol/L)＝(测定管 A/标准管 A)×标准液浓度(mmol/L)(3-3-5)

五、注意事项

(1)甘油三酯增高常见于肥胖、糖尿病、肾病综合征、糖原沉积症、高血压、冠心病等，也随年龄增长而上升。降低多见于甲状腺功能亢进、肾上腺皮质功能低下、肝功能严重低下。

(2)试剂出现红色不能再用，试剂空白吸光度 $A_{500} < 0.05$。

(3)温度控制、吸量的准确度对结果影响较大。

六、思考题

(1)简述两步终点比色酶法测定甘油三酯的原理。

(2)正常人空腹血清 TG 浓度是多少？说明 TG 的测定的临床意义。

（吕文清）

实验五　酶法测定血清中的总胆固醇

一、实验目的

(1)掌握血清胆固醇氧化酶法测定的原理。

(2)熟悉血清胆固醇测定的临床意义。

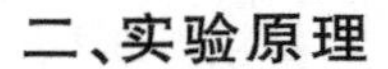

二、实验原理

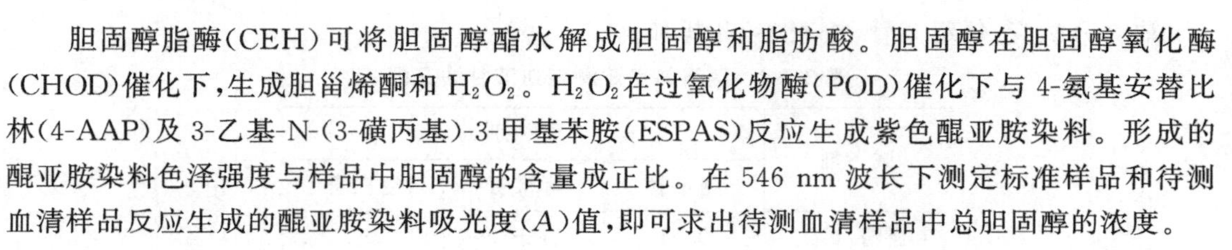

胆固醇脂酶(CEH)可将胆固醇酯水解成胆固醇和脂肪酸。胆固醇在胆固醇氧化酶(CHOD)催化下,生成胆甾烯酮和 H_2O_2。H_2O_2 在过氧化物酶(POD)催化下与 4-氨基安替比林(4-AAP)及 3-乙基-N-(3-磺丙基)-3-甲基苯胺(ESPAS)反应生成紫色醌亚胺染料。形成的醌亚胺染料色泽强度与样品中胆固醇的含量成正比。在 546 nm 波长下测定标准样品和待测血清样品反应生成的醌亚胺染料吸光度(A)值,即可求出待测血清样品中总胆固醇的浓度。

反应如下:

$$\text{胆固醇酯} + H_2O \xrightarrow{CEH} \text{胆固醇} + \text{游离脂肪酸}$$

$$\text{胆固醇} + O_2 \xrightarrow{CHOD} \text{胆固醇-4-烯-3-酮} + H_2O_2$$

$$2H_2O_2 + \text{4-AAP} + \text{ESPAS} \xrightarrow{POD} \text{醌亚胺染料(紫色)} + 4H_2O$$

三、实验用品

1. 器材

酶标仪(FC,Thermo)、酶标架和酶标条或酶标板、恒温水浴箱、移液器。

2. 试剂(表 3-3-5)

表 3-3-5　酶法测血清中总胆固醇的试剂

规　格	组　分	浓　度	保存条件
100 mL × 1 瓶	Goods 缓冲液	≥30 mmol/L	2 ℃～8 ℃ 避光保存
	胆固醇激酶	≥0.2 KU/L	
	胆固醇氧化酶	≥0.2 KU/L	
	过氧化物酶	≥0.5 KU/L	
	ESPAS	≥0.3 mmol/L	
	4-氨基安替比林(4-AAP)	≥0.2 mmol/L	
	去垢剂	适量	
	稳定剂	适量	
TC 标准品 1 mL×1 瓶		5.17 mmol/L	2 ℃～8 ℃避光保存

注:ESPAS 为 3-乙基-N-(3-磺丙基)-3-甲基苯胺;试剂 2 ℃～8 ℃ 避光、密封储存可稳定 18 个月,防止冷冻。

四、实验步骤及结果计算

(1)取酶标架和酶标条,酶标孔编码记录后按表 3-3-6 操作,各组设 3 个孔。

表 3-3-6　比色法测定血清总胆固醇操作方法

试　剂	孔　别		
	空白孔	标准孔	测定孔
蒸馏水/μL	3.0	—	—
5.17 mmol/L 胆固醇标准液/μL	—	3.0	—
待测样/μL	—	—	3.0
酶试剂(工作液)/μL	300	300	300
A_{550}	0		

(2)混匀,37 ℃水浴 5 min,以空白调零,在 550 nm 波长下读取各孔 A 值。

(3)按如下公式计算血清总胆固醇的浓度:

$$\text{总胆固醇浓度(mol/L)}=\frac{\text{测定管}A\text{值}-\text{空白管}A\text{值}}{\text{标准管}A\text{值}-\text{空白管}A\text{值}}\times\text{标准液浓度} \qquad (3\text{-}3\text{-}6)$$

各组光吸收值取平均值。

其中标准液浓度 ＝ 5.17 mmol/L。

五、注意事项

(1)试剂中含有叠氮钠作为保存剂。不可吞入,避免接触皮肤和黏膜。若接触皮肤和黏膜,请用大量去离子水冲洗。如有不适,则应到医院诊治。

(2)试剂应为无色或淡黄色澄清液体,无漂浮物和沉淀。如试剂出现混浊、沉淀、变色等异常情况或试剂空白吸光度大于 0.08,请勿使用。

(3)温度控制、吸量的准确度对结果影响较大。

(4)采血前 24 h 禁食高脂食物,空腹采血并尽快分离血清防止溶血。血清样品可于 2 ℃～8 ℃存放 7 天,可于－20 ℃存放 2 个月。

(5)实验试剂 2 ℃～8 ℃避光保存,启用后可稳定一个月,不可冷冻。

(6)当样本测定结果高于 10.4 mmol/L 时,应将样本用生理盐水稀释后重新测定,样品的结果＝稀释后测得值×稀释倍数,稀释倍数不得超过 4 倍。

(7)试剂测定主波长可以在 500～600 nm 之间任意选择,以 546 nm 为主波长可获得最高灵敏度,以 600 nm 为测定主波长,可有效降低标本中血红蛋白、脂浊干扰。

(8)血清胆固醇增高见于动脉粥样硬化、家族性高胆固醇血症、糖尿病、黏液性水肿、肥胖等。血清胆固醇减少常见于各种性质的急性感染和肝实质性病变。

(9)参考区间:2.33～5.69 mmol/L(90～220 mg/L)。期望值＜5.2 mmol/L,临界水平为 5.2～6.2 mmol/L,治疗最低目标＜6.2 mmol/L。

六、思考题

(1)简述酶法测定胆固醇的原理。

(2)正常人空腹血清胆固醇浓度是多少？说明胆固醇测定的临床意义。

（吕文清）

实验六　动脉硬化指数的计算(血清总胆固醇和高密度脂蛋白胆固醇的测定)

一、实验目的

(1)了解动脉硬化和动脉硬化指数。

(2)掌握动脉硬化指数的计算方法。

(3)了解血清中总胆固醇和高密度脂蛋白胆固醇的常用测定方法。

(4)掌握血清中总胆固醇的酶法测定方法。

(5)掌握血清中高密度脂蛋白胆固醇的选择性抑制法直接测定方法。

二、实验原理及临床意义

1. 动脉硬化和动脉硬化指数

动脉硬化(arteriosclerosis)是动脉的一种非炎症性、退行性和增生性的病变,可引起动脉的增厚、变硬、失去弹性,最终可导致管腔狭窄,多见于老年人,大、中、小动脉均可受累。根据病理变化的不同,动脉硬化可分为:动脉粥样硬化 、动脉中层硬化和小动脉硬化。其中,动脉粥样硬化是最重要的一个类型,基本损害是动脉内膜局部呈斑块状增厚,故又称动脉粥样硬化性斑块或简称斑块,病变主要累及主动脉、冠状动脉、脑动脉、肾动脉、大中型肌弹力型动脉,最终导致它们的管腔狭窄以至完全堵塞,使这些重要器官缺血缺氧、功能障碍进而引起机体死亡,多见于40岁以上男性及绝经期女性。病因不明,可能与增龄、高血压、高脂血症、糖尿病、吸烟、肥胖等因素有关。

动脉硬化指数(arteriosclerosis index, AI)是国际医学界制定的一个衡量动脉硬化程度的指标。它的计算方法为:

动脉硬化指数(AI)=[血总胆固醇(TC)—高密度脂蛋白胆固醇(HDL－C)] ÷ 高密度脂蛋白胆固醇(HDL－C)。

动脉硬化指数的正常值为<4。如果一个人的动脉硬化指数<4,说明其动脉硬化程度不严重,数值越小则动脉硬化程度越轻,引发心血管和脑血管疾病的风险也越低。如果动脉硬化指数大于或等于4,就提示已经出现了动脉的硬化,数值越高提示动脉硬化程度越严重,心脑血管疾病的发生风险也越高。

2. 胆固醇及其常用测定方法

胆固醇是环戊烷多氢菲的衍生物,在体内以游离胆固醇(free cholesterol,FC)及胆固醇酯(cholesterol ester,CE)两种形式存在。胆固醇不仅参与血浆蛋白的组成,而且也是细胞的必要结构成分,在神经组织和肾上腺中含量特别丰富,在肝、肾和表皮组织含量也很多。胆固醇是生物膜和神经髓鞘的重要组成部分,是维持生物膜的正常透过能力不可缺少的物质。胆固醇还可以转化成胆汁酸、固醇类激素、维生素 D_3等。胆固醇主要随胆汁从粪便排出体外。血液中的胆固醇仅有不到20%是从食物中摄取的,其余均由机体自身合成,肝、肠、肾、骨髓、内分泌腺等均是其合成场所。由于血液与组织内的胆固醇经常不断地交换，因此血清胆固醇水平基本能够反应胆固醇的摄取、合成及转运情况。胆固醇与动脉粥样硬化等有一定联系，胆固醇的测定是临床上最普遍的检测项目之一。

总胆固醇的测定方法有多种，可分为化学试剂比色法、酶分析法、荧光法、气相和高效液相色谱法五大类。由于气相和高效液相色谱法条件高，故临床实验室最常用的是化学试剂法和酶法。化学试剂法一般包括皂化、抽提、纯化、显色比色四个阶段。其中 ALBK 法为目前国际上通用的参考方法。其基本原理是：首先，用碱性乙醇液来皂化和去蛋白，从而水解胆固醇酯；其次，利用正己醇和乙醇水溶液之间的分溶分配来抽提胆固醇；最后，经真空干燥后，让干燥的胆固醇与醋酸—醋酸酐—硫酸混合液反应显色，根据与标准进行比较来计算样品的胆固醇含量。此外，胆固醇还可以与高铁—硫酸试剂产生紫红色。高铁—硫酸比色法灵敏度高，显色稳定，测定精密度好，是临床检验胆固醇的推荐方法，但其干扰因素多。另外，胆固醇与邻苯二甲醛—硫酸试剂产生稳定的紫红色。邻苯二甲醛—硫酸比色法不需要对胆固醇进行抽提而能够直接进行测定。

酶法是目前常规应用方法，其优点是快速准确、专一性强、样本用量少、无须抽提，便于自动化分析和批量测定，是中华医学会检验学会推荐的胆固醇测定的常规方法。

酶法测定胆固醇的原理：TC 包括游离胆固醇和胆固醇酯。利用胆固醇酯酶催化胆固醇酯水解生成游离胆固醇和游离脂肪酸；进一步利用胆固醇氧化酶催化胆固醇氧化，生成Δ4-胆甾烯酮和过氧化氢；最后利用过氧化物酶催化过氧化氢氧化 4-氨基安替比林和酚，生成红色醌类化合物，在 500 nm 有特征吸收峰，其颜色深浅与 TC 含量成正比。

$$\text{胆固醇酯} + H_2O \xrightarrow{\text{胆固醇酯酶}} \text{胆固醇} + \text{脂肪酸}$$

$$H_2O_2 + \text{4-氨基安替比林} + \text{酚} \xrightarrow{\text{过氧化物酶}} \text{醌染料} + 4H_2O$$

3. 高密度脂蛋白及其携带胆固醇的常用测定方法

高密度脂蛋白(high density lipoprotein, HDL)是密度最大的脂蛋白，其组分中蛋白质、磷脂、胆固醇和甘油三酯各约占 50%、25%、20%和 5%。HDL 可以通过酶和受体的作用，将周围组织的胆固醇转运到肝脏进行降解处理，同时抑制细胞结合和摄取低密度脂蛋白胆固醇，阻止胆固醇在动脉壁的沉积，因此，HDL 被认为是动脉硬化的预防因子。

由于所有脂蛋白中都含有胆固醇，因此对 HDL 中含有的胆固醇(HDL-C)的检测需要首先从其他脂蛋白中分离出 HDL 后再进行测定。近年来也发展出一些直接测定 HDL-C 的方法，因其简便、快速、能进行自动化发现，引起了广泛关注。

参考方法：美国疾病控制与预防中心(Centers for Disease Control, CDC)测定 HDL-C 的参考方法为超速离心法。该方法分 3 个步骤：①超速离心去除乳糜微粒 CM 和极低密度脂蛋白 VLDL；②下层悬浮液用肝素－$MnCl_2$法离心沉淀，去除富含 apoB 的低密度脂蛋白 LDL；③运用 ALBK 法测定上清液中胆固醇的含量。但该方法因需要超速离心机、操作复杂、所需标本量大(5 mL 血浆)、离心时间长，一般实验室难以开展，不适于大规模标本比较研究。胆固醇参考方法实验室网络(Cholesterol Reference Method Laboratory Network)近来选用一种“指定性比较方法”，首先用硫酸葡聚糖(DS50，分子量 5 万)作为沉淀剂，通过离心沉淀去除富含 apoB 的脂蛋白(如 CM、VLDL、LDL 等)，然后采用 ALBK 法测定上清液中 HDL 中的胆固醇含量。这种方法已经在网络的各个实验室被评价并成功地进行标准化，大大简化了 CDC 的参考方法。

化学沉淀法：常用的沉淀剂为多阴离子，如磷钨酸、肝素等，或者非离子多聚体，如聚乙二醇(PEG)等，与某些二价阳离子(如 Mg^{2+}、Ca^{2+}、Mn^{2+})合用，能够通过尚未明确的机制使富含 apoB 的脂蛋白都沉淀去除。剩下 HDL 中的胆固醇多用酶法进行测定。此类方法操作简单，无须昂贵设备，适用于普通实验室。其中 PTA-Mg^{2+} 法不干扰酶法测定胆固醇，且试剂易得，是目前应用比较多的方法。

直接测定法：由于上述方法需要将样品进行选择性沉淀预处理，不利于自动化分析及大规模检测，因此近年来又开发出一些无须沉淀的直接测定法，可用于仪器自动化测定。例如选择性抑制法，其原理是应用两种不同的表面活性剂及多阴离子，根据脂蛋白的酶反应选择性，直接测定 HDL-C：在第一反应中，加入多阴离子和分散型表面活性剂(亦称反应抑制剂)，使 CM、VLDL 和 LDL 先在多阴离子下聚集。由于反应抑制剂与 CM、VLDL 和 LDL 的疏水性基团具有高度亲和力，故吸附在聚集的脂蛋白颗粒表面形成遮蔽圈。同时有少量反应抑制剂也在 HDL 表面吸附，但由于亲和力较弱，其结合是可逆的。第二反应中，加入胆固醇酶试剂和对 HDL 颗粒中亲水性基团具有亲和力的可溶性表面活性剂(亦称反应促进剂)，由于反应促进剂对 HDL 可溶性的强特异性作用可置换其表面吸附的少量反应抑制剂，从而与酶试剂反应，达到直接测定 HDL-C 的目的。

本实验原理：试剂盒带有的试剂 1 中含有 50 mmol/L Good's 缓冲液、15 mmol/L DHBS、0.5 mmol/L 4-AAP 和 20 mmol/L 聚阴离子，可以使血清中 VLDL、VDL 等聚集被封闭。试剂 2 中含有 1.5 KU/L 胆固醇酯酶、5.0 KU/L 胆固醇氧化酶、1.8 KU/L 过氧化物酶和 20 mmol/L 表面活性剂，可以释放高密度脂蛋白。后面的步骤与测定总胆固醇的方法类似，利用胆固醇酯酶催化胆固醇酯水解生成游离胆固醇和游离脂肪酸；再利用胆固醇氧化酶催化胆固醇氧化，生成 Δ-胆甾烯酮和过氧化氢；最后利用过氧化物酶催化过氧化氢氧化 4-氨基安替比林和酚，生成红色醌类化合物，在 546 nm 也有特征吸收峰。

4. 临床意义

总胆固醇水平因生活条件(饮食、运动等)而异，随年龄上升。中青年男性略高于女性，老年女性高于男性。我国血脂异常防治建议中以胆固醇$<$5.2 mmol/L 为合适水平，5.20 ~ 5.66 mmol/L 为临界范围(或边缘升高)，胆固醇$\geqslant$5.66 mmol/L 为升高。很多临床研究已明确，血清总胆固醇水平增高是导致冠心病的独立危险因素。血清总胆固醇越高，发生动脉粥样硬化的风险越大，时间也越早。血清总胆固醇每降低 1%，发生冠心病的危险性可减少 2%。但如果作为一个诊断指标来说，血清总胆固醇既不够特异，也不够敏感，所以不能作为诊断指标，只能作为评价动脉粥样硬化的危险因素，最常用作动脉粥样硬化的预防、发病估计、治疗观察等的参考指标。胆固醇升高可见于各种高脂蛋白血症、梗阻性黄疸、肾病综合征、甲状腺功能低下、慢性肾功能衰竭、糖尿病等。此外，吸烟、饮酒、紧张、血液浓缩等也都可使血液胆固醇升高。妊娠末三个月时，可明显升高，产后恢复原有水平。另一方面，血清总胆固醇过低也可能引发脑出血或使癌症的发病率增高，特别是对老年人，这一点可能更有意义，但这尚需大量的流行病学的证据来证实。有一些恶液质的病人，血清胆固醇可降至很低水平，这其实是重度营养不良的一种表现。

高密度脂蛋白(HDL)负责运载周围组织中的胆固醇，再转化为胆汁酸或直接通过胆汁从肠道排出。由于 HDL 可输出胆固醇、促进胆固醇的代谢，而且动脉造影也证明高密度脂蛋白胆固醇含量与动脉管腔狭窄程度呈显著的负相关,所以HDL作为一种抗动脉粥样硬化的血浆脂蛋白,被当作冠心病的保护因子,现在作为动脉硬化预防因子而受到重视,俗称“血管清道夫”。

由于总胆固醇含量和高密度脂蛋白含量都会影响动脉粥样硬化的发生,因此综合衡量二者含量比例的动脉硬化指数能够更好地反映疾病发生的风险。动脉硬化指数的正常值为<4。如果一个人的动脉硬化指数<4,说明其动脉硬化程度不严重,数值越小则动脉硬化程度越轻,引发心血管和脑血管疾病的风险也越低。如果动脉硬化指数大于或等于4,就提示已经出现了动脉的硬化,数值越高提示动脉硬化程度越严重,心脑血管疾病的发生风险也越高。

三、实验用品

1. 材料

家兔2只、试管、注射器、刀片、棉球、离心管。

2. 试剂

异丙醇,总胆固醇(total cholesterol,TC)含量测定试剂盒(Solarbio Life Sciences),高密度脂蛋白胆固醇测定试剂盒。

3. 仪器

离心机、恒温水箱、电热水浴锅、紫外-可见分光光度计(T6,北京普析通用)。

四、实验步骤及结果计算

1. 血清制备

(1)取正常家兔两只,实验前预先饥饿16 h,编号1号和2号,称体重并记录。

(2)取干净的离心管2只,编号1号和2号,分别加入1%肝素抗凝剂0.01 mL。将兔子剪去耳毛,用二甲苯擦拭兔耳,使其血管充血,再用干棉球擦干,于放血部位涂一薄层凡士林,再用粗针头或刀片刺破静脉放血到含抗凝剂的1号和2号试管中,各2～3 mL,边滴边摇,以防凝固。取血完毕,用干棉球压迫血管止血。

(3)将收集的4管血液离心10 min(3500 rpm)。取上层血清,转移至新的管中。

2. 血清中总胆固醇的测定

(1)将试剂盒中的TC工作液置于37 ℃水浴30 min。

(2)取一支离心管作为标准管,依次加入50 μL TC标准品和150 μL TC工作液,混匀。同时取另外的离心管作为待测管,依次加入50 μL待测液和150 μL TC工作液,混匀。

(3)样品静置24 h后,使用分光光度计,于500 nm处比色。

(4)按式(3-3-7)计算血清中总胆固醇含量TC(mmol/L):

$$\text{血清中总胆固醇含量 TC(mmol/L)}=\frac{A_{\text{待测管}}}{A_{\text{标准管}}}\times\text{标准液浓度} \tag{3-3-7}$$

本实验中血清总胆固醇含量TC=____________mmol/L。

3. 血清中高密度脂蛋白胆固醇的测定

(1)取9只离心管,各组做3管重复,按表3-3-7操作。

表 3-3-7　测定血清中高密度脂蛋白胆固醇

加入物	管　别		
	空白管(B)	标准管(S)	测定管(T)
试剂 1/μL	240	240	240
蒸馏水/μL	3	—	—
标准液/μL	—	3	—
样品/μL	—	—	3
混匀，于 37 ℃水浴 5 min，在 546 nm 波长下读相对空白的吸光度 A_{S1}、A_{T1}			
试剂 2/μL	80	80	80
混匀，于 37 ℃水浴 5 min，在 546 nm 波长下读相对空白的吸光度 A			
A_{546}	0		

(2)按式(3-3-8)计算高密度脂蛋白胆固醇含量：

$$高密度脂蛋白胆固醇\ HDL\text{-}C\ 含量(mmol/L)=\frac{A_{T2}-A_{T1}}{A_{S2}-A_{S1}}\times 标准液浓度 \quad (3\text{-}3\text{-}8)$$

本实验中高密度脂蛋白胆固醇 HDL-C 含量＝____________mmol/L。

4. 动脉硬化指数的计算

按照式(3-3-9)计算动脉硬化指数：

$$动脉硬化指数(AI)=\frac{血总胆固醇(TC)-高密度脂蛋白胆固醇(HDL\text{-}C)}{高密度脂蛋白胆固醇(HDL\text{-}C)} \quad (3\text{-}3\text{-}9)$$

五、注意事项

(1)总胆固醇测定试剂盒和高密度脂蛋白胆固醇测定试剂盒中的试剂需要按照说明书要求进行保存，使用前平衡至室温，并在有效期内进行使用。

(2)由于试剂盒检测灵敏度高，需对血清进行适当稀释后再进行测定。

(3)计算动脉硬化指数时，需要确定测定的 TC 和 HDL-C 含量单位是一致的。

六、思考题

(1)总胆固醇中包括哪些成分？

(2)测定总胆固醇和测定高密度脂蛋白胆固醇之间有什么区别？

(张云武)

实验七　血清过氧化脂质的测定

一、实验目的

(1)学习和掌握血清过氧化脂质检测的原理和方法。

(2)了解血清过氧化脂质检测的临床意义。

二、实验原理及临床意义

过氧化脂质又名脂质过氧化物,是游离的或结合的不饱和脂肪酸受自由基的作用而形成的过氧化物。氧自由基反应和脂质过氧化反应在机体的新陈代谢过程中起着重要的作用,正常情况下两者处于协调与动态平衡状态,维持着体内许多生理反应和免疫反应。一旦这种协调与动态平衡产生紊乱与失调,就会引起一系列的新陈代谢失常和免疫功能降低,形成氧自由基连锁反应,过氧化脂质和自由基有破坏生物膜、核糖核酸和脱氧核糖核酸的作用,其与超氧化物歧化酶、氧自由基等指标和衰老有关,可抑制免疫功能,并与肿瘤有关,与产生某些变性蛋白质有关,可增强血小板聚集性。

血清过氧化脂质(lipid peroxide,LPO)测定方法有多种,如放射免疫双抗体法、放射免疫标记抗体法、碱性磷酸酶或辣根过氧化物酶(HRP)标记抗体酶联免疫法、硫代巴比妥酸(TBA)荧光测定法和反相高效液相色谱荧光法。TBA荧光测定法基本原理为:LPO随蛋白沉淀后,沉淀物在酸性环境下膜脂质过氧化而产生丙二醛(malondialdehyde, MDA),其与TBA缩合后形成复合物,这种复合物具有高灵敏荧光特性,从而可用荧光分光光度计来进行测定。

酶联免疫吸附实验(enzyme-linked immunosorbent assay,ELISA)是指将已知的抗原或抗体吸附在固相载体表面,使酶标记的抗原抗体反应在固相表面进行的技术。该技术可用于检测大分子抗原和特异性抗体等,具有快速、灵敏、简便以及载体易于标准化等优点。

本实验采用辣根过氧化酶标记抗体酶联免疫法检测血清过氧化脂质的含量。实验试剂盒采用双抗体一步夹心法酶联免疫吸附试验。往预先包被过氧化脂质/乳过氧化物酶(LP)抗体的包被微孔中,依次加入标本、标准品和HRP标记的检测抗体,经过温育并彻底洗涤,用底物3,3′,5,5′-四甲基联苯胺(TMB)显色。TMB在过氧化物酶的催化下转化成蓝色,并在酸的作用下转化成最终的黄色。颜色的深浅和样品中的过氧化脂质/乳过氧化物酶(LP)含量呈正相关。用酶标仪在450 nm波长下测定吸光度(A)值,计算样品浓度。

三、实验用品

1. 材料

(1)血清:全血(非抗凝血)在血清分离管中凝固30 min后,3000 g离心约10 min。样品立即存于－20 ℃或－80 ℃。避免反复冻融。

(2)血浆:采集后用EDTA或肝素抗凝,30 min内于2 ℃～－8 ℃,3000×g离心后再收集。样品于－20 ℃ 或－80 ℃保存。避免反复冻融。

2. 试剂

血清过氧化脂质ELISA检测试剂盒(表3-3-8)。

表3-3-8　试剂盒中试剂列表

名　称	96孔配置	48孔配置	备　注
微孔酶标板	12孔酶标条	12孔酶标条	无
标准品	0.3 mL×6管	0.3 mL×6管	无
样本稀释液	6 mL	3 mL	无
检测抗体-HRP	10 mL	5 mL	无
20m洗涤缓冲液	25 mL	15 mL	按说明书进行稀释
底物A	6 mL	3 mL	无
底物B	6 mL	3 mL	无
终止液	6 mL	3 mL	无
封板膜	2张	2张	无
说明书	1份	1份	无
自封袋	1个	1个	无

注:标准品(S0→S5)浓度依次为:0 nmol/mL、5 nmol/mL、10 nmol/mL、20 nmol/mL、40 nmol/mL、80 nmol/mL。

试剂准备:

20×洗涤缓冲液的稀释:蒸馏水或去离子水按1∶20比例稀释,即1份20×洗涤缓冲液加19份蒸馏水或去离子水。

洗板方法:

(1)手工洗板:每孔加满洗涤液,静置1 min后甩尽孔内液体,在吸水纸上拍干,如此洗板5次。

(2)自动洗板机:每孔注入洗涤液350 μL,浸泡1 min,如此洗板5次。

3. 仪器

烧杯、量筒、恒温水浴锅、不同规格精密移液器及一次性吸头、酶标仪(FC,Thermo)、恒温培养箱(上海宏精)。

四、实验步骤与结果计算

(1)开始试验之前,准备好所有试剂。所有标准和样品均设复孔。

(2)添加标准品:设置不同浓度的标准孔和样本孔。向每个标准孔中加50 μL浓度梯度的标准品。

(3)添加样品:向每个样本孔中加入测试样品10 μL,然后加入样品稀释液40 μL。另外设置空白样品管,不添加任何试剂。

(4)向所有标准孔、样本孔和空白孔中分别加入 100 μL HRP,用封口膜密封后于 37 ℃孵育 60 min。

(5)洗板。吸除孔中液体,每孔加入 350 μL 洗涤液,吸除,重复 5 次。每冲洗一次,孔中残余液体要全部吸尽。最后一次洗涤后,除去任何残留的液体,并颠倒微孔板,倒扣于干净纸巾上吸干可能残余的液体。

(6)向各孔中加入 50 μL 底物液 A 和 50 μL 底物液 B,轻轻混匀,37 ℃孵育 15 min。注意避光。

(7)向各孔中加入 50 μL 终止液,各孔的颜色由蓝变黄。如果颜色是绿色或颜色不均匀,轻轻拍打板,以确保彻底混匀。

(8)在 15 min 内用酶标仪于 450 nm 处读取各管吸光度 A 值。

(9)结果计算如下所示。

①标准曲线的绘制:制作标准曲线用来确定未知样品的含量。标准曲线的水平(X)轴为 6 个标准品浓度,垂直(Y)轴为标准品在 450 nm 处的 A 值。

②计算每个标准品和样品的平均 A 值。所有标准品和样品的最终 A 值应为测得值减去空白管的 A 值。然后制作标准曲线。

③确定每一个样本的含量,首先在 Y 轴上找到 A 值对应的点,水平延伸线在标准曲线上的交叉点,画一条垂直于 X 轴的线,读取相应的浓度。

实验结果可受到操作者个人移液和洗涤技术、孵育时间、温度、试剂盒的年限等因素的影响,每个操作者都应该制作自己的标准曲线。

④本试验的灵敏度为 1 nmol/mL。

⑤标准曲线如图 3-3-2 所示。

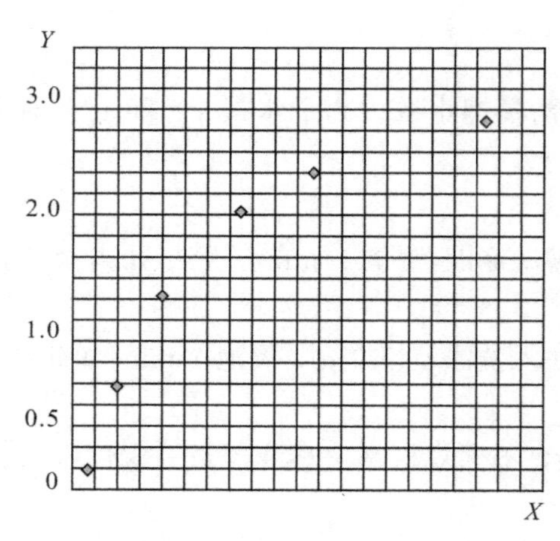

图 3-3-2 标准曲线

五、注意事项

(1)不要将试剂从一个试剂盒中替换到另一个试剂盒。每个试剂盒中微孔板与试剂是最佳的性能匹配。

(2)需要使用时才能将微孔板从保存袋中取出。未使用的微孔板应存放于 2～8 ℃,置于提供的干燥袋中。

(3)使用前混合所有试剂。从冰箱取出所有试剂盒,并让它们恢复到室温(20 ℃～25 ℃)。

(4)标准孔和样本孔均应设复孔。

(5)每次洗板时均要将残余液体吸干净,同时注意保持板的湿润。

六、思考题

(1)在本实验操作过程中应当怎样避免实验结果的误差?

(2)测定血清过氧化脂质有何临床意义?

(黄小花)

实验八　血清尿素的测定——二乙酰一肟法

一、实验目的

(1)了解测定血清尿素的临床价值。

(2)掌握分光光度法测定血清尿素的原理和实验技术。

二、实验原理及临床意义

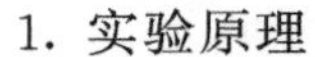

1. 实验原理

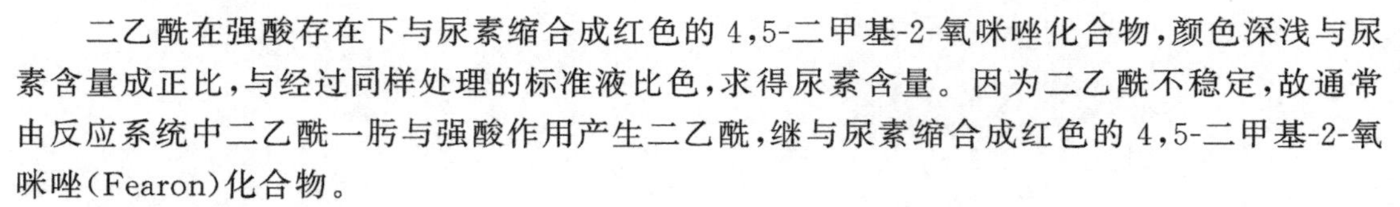

二乙酰在强酸存在下与尿素缩合成红色的4,5-二甲基-2-氧咪唑化合物,颜色深浅与尿素含量成正比,与经过同样处理的标准液比色,求得尿素含量。因为二乙酰不稳定,故通常由反应系统中二乙酰一肟与强酸作用产生二乙酰,继与尿素缩合成红色的4,5-二甲基-2-氧咪唑(Fearon)化合物。

血清中尿酸、肌酐、氨基酸等对本法无干扰,蛋白质含量在50～110 g/L,胆红素含量达171 pmol/L,血红蛋白含量达10 g/L均无影响。

2. 临床意义

血清尿素减少较少见,严重肝病如急性黄色肝萎缩、肝硬化、肝炎合并广泛性坏死,导致尿素合成减少,可使血液尿素减少。血清尿素增加的原因可分为肾前、肾性及肾后三个方面:

(1)肾前性:失水引起血液浓缩,导致肾血流量减少,肾小球滤过率降低使血尿素潴留,见于剧烈呕吐、幽门梗阻、肠梗阻、长期腹泻等。

(2)肾性:急性肾小球肾炎、肾病晚期、肾功能衰竭、慢性肾盂肾炎、肾结核、肾动脉硬化、先天性多囊肾、肾肿瘤所致的尿毒症等,可引起肾小球滤过率减少,导致血尿素增高。

(3)肾后性:前列腺肥大、尿路结石、尿道狭窄、膀胱肿瘤,致使尿道受压、尿路堵塞,使上部压力增高,肾小球滤过减少甚至停止,且管内尿素扩散入血液,导致血尿素增高。

三、实验用品

1. 材料

新鲜血清。

2. 试剂

(1)酸性试剂:于三角瓶中加蒸馏水100 mL,然后加入浓硫酸44 mL、85%磷酸66 mL,混匀,冷却至室温,加入氨基硫脲50 mg及硫酸镉($CdSO_4 \cdot 8H_2O$)2 g,溶解后用蒸馏水稀释至1 L,置棕色瓶中于4 ℃可保存半年。

(2)179.9 mmol/L二乙酰一肟溶液:溶解二乙酰一肟20 g于蒸馏水中并稀释至1 L。置棕色瓶中于4 ℃可保存半年。

(3)尿素标准贮存液(141.55 mmol/L):精确称取于60 ℃～65 ℃干燥恒重的尿素850 mg,溶解于蒸馏水并定容至 100 mL,加叠氮钠 0.1 g 防腐,4 ℃可保存半年。

(4)尿素标准应用液(7.08 mmol/L):取上述贮存液 5.0 mL 置于 100 mL 容量瓶中加蒸馏水定容。

3. 仪器

恒温水浴锅、紫外-可见分光光度计(T6,北京普析通用)。

四、实验步骤与结果计算

(1)取 7 支试管,除对照组外,各组做 3 管重复,按表 3-3-9 操作。

表 3-3-9　二乙酰一肟法操作步骤

加入物/mL	空白管	标准管	测定管
血清	—	—	0.02
尿素标准应用液	—	0.02	—
蒸馏水	0.02	—	—
二乙酰一肟溶液	0.5	0.5	0.5
酸性试剂	5.0	5.0	5.0
A_{540}	0		

(2)混匀后,置于沸水浴中加热 12 min,取出置于冷水中冷却 5 min,于波长 540 nm 处进行测定,以空白管调零,分别读取各管吸光度。

(3)计算:

$$\text{血清尿素}=(A_{\text{测定管}}/A_{\text{标准管}})\times 7.08 \qquad (3\text{-}3\text{-}10)$$

正常参考值:血清尿素 1.78～7.14 mmol/L。

五、注意事项

(1)血标本应及时处理,以防尿素酶水解尿素,最好能在血标本中加入草酸钾或氟化钠抗凝以抑制尿素酶。

(2)本法线性范围达 7.14 mmol/L 尿素,如遇高于此值的标本,需用生理盐水适当稀释后重测,结果乘以稀释倍数。

(3)本法标本、标准液用量甚微,移取 20 μL 溶液应特别小心,应注意保持移液管洁净,加量务必准确。

(4)显色反应产物对光不稳定,加入氨基硫脲和 Cd^{2+} 能增加显色稳定性和显色强度,但仍有轻度褪色现象(每小时小于 5%),故显色冷却后应及时比色。煮沸时间、方式和液体的蒸发量会影响结果,因此测定管与标准管的口径、煮沸时间和方式应尽量保持一致。

六、思考题

(1)测定血清尿素还可以采用哪些方法?

(2)本实验为何特别强调微量吸管须洁净?如何判定移液管是洁净的?

(黄小花)

实验九　血清肌酐测定

一、实验目的

(1)学习和掌握碱性苦味酸法测定血清肌酐的原理。

(2)复习肌酐有关理论知识。

(3)掌握血清肌酐测定方法。

二、实验原理及临床意义

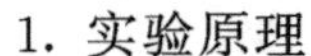

1. 实验原理

肌酐(creatinine,Cr)是肌肉在人体内代谢的产物,主要是分布在肌肉中的肌酸通过不可逆的非酶脱水反应形成,每 20 g 肌肉代谢可产生 1 mg 肌酐。肌酐主要由肾小球滤过排出体外。血中肌酐主要有外源性和内源性两种,外源性肌酐是肉类食物在体内代谢后的产物;内源性肌酐是体内肌肉组织代谢的产物。在肉类食物摄入量稳定时,身体的肌肉代谢又没有大的变化,肌酐的生成就会比较恒定。

血清样品中的肌酐与碱性苦味酸反应生成橘红色复合物,该反应为特异性反应,反应过程中形成的红色复合物与样品中肌酐的浓度成正比,可在波长 500～520 nm 处进行测定。

$$\text{肌酐} + \text{苦味酸} \xrightarrow{\text{碱性条件}} \text{肌酐-苦味酸复合物}$$

2. 临床意义

(1)血肌酐增高:见于肢端肥大症、巨人症、糖尿病、感染、甲状腺功能减低、进食肉类、运动、摄入某些药物(如维生素 C、左旋多巴、甲基多巴等)。疾病或药物的摄入对肾脏造成损伤,导致其排泄废物的功能有所降低,就造成了肌酐等毒素在体内的聚集,从而出现血肌酐、尿素氮升高,尿肌酐下降,双肾滤过率下降等。同时,患者还会有高血压、高度浮肿等症状。

(2)血肌酐减低:见于急性或慢性肾功能不全、重度充血性心力衰竭、甲状腺功能亢进、贫血、肌营养不良、白血病、素食者,以及服用雄激素、噻嗪类药等。

(3)测定血肌酐值有助于分析糖尿病治疗效果:糖尿病肾病是糖尿病患者最严重的并发症之一,最主要的临床表现之一就是血肌酐增高,表示肾功能已受损,所以早期的时候我们就需要给予足够的重视,密切观察相关指标的变化,不仅仅是观察血肌酐正常值,对尿微量蛋白、尿素氮、肾小球滤过率都要加以监控,目前主要治疗原则是降血糖、降血压为主,同时加以有效的抗氧化治疗,如服用虾青素,可以防止糖尿病肾病进一步发展为尿毒症,因此定期检查血肌酐值有助于观察治疗方案的效果。有研究表明,单纯依靠药物降血糖、降血压治疗者其血肌酐检查值普遍高于药物配合抗氧化剂治疗方案。

三、实验用品

1. 材料

新鲜血清。

2. 试剂

(1)40 mmol/L 苦味酸溶液：称取苦味酸 9.3 g，溶于 500 mL、80 ℃蒸馏水中，冷却至室温，加蒸馏水至 1 L。

(2)0.75 mol/L 氢氧化钠：称取氢氧化钠 30 g，加适量蒸馏水溶解，冷却至室温后用蒸馏水稀释至 1 L。

(3)35 mmol/L 钨酸钠溶液(排除其他蛋白的干扰)。

①取 100 mL 蒸馏水，加入聚乙烯醇 1 g，加热助溶，冷却。

②取 11.1 g 钨酸钠，完全溶解于 300 mL 蒸馏水中。

③取 300 mL 蒸馏水，沿壁慢慢加入浓硫酸 2.1 mL，冷却。

取 1 L 容量瓶一只，溶液①加入溶液②中，再与溶液③混合，加蒸馏水至刻度，置室温保存，至少可稳定一年。

(4)10 mmol/L 肌酐标准应用液：精确称取肌酐 113 mg(分子量为 113.12)，用适量 0.1 mol/L盐酸溶解，并移入 100 mL 容量瓶中，再以 0.1 mol/L 盐酸稀释至刻度，置于冰箱内保存，可稳定一年。

(5)100 μmol/L 肌酐标准应用液：精确吸取 10 mmol/L 肌酐标准应用液 1 mL 加入 100 mL 容量瓶中，以 0.1 mol/L 盐酸稀释至刻度，置 4 ℃保存。

3. 仪器和耗材

恒温水浴锅、紫外-可见分光光度计(T6，北京普析通用)、移液管、吸球、试管、烧杯、比色皿、滤纸。

四、实验步骤与结果计算

(1)取试管一支，加入待测血清 0.4 mL，然后加入 35 mmol/L 钨酸溶液 4 mL，充分混匀，3000 rpm 离心 10 min，取上清液备用。

(2)另取 7 支试管，除对照组外，各组做 3 管重复，按表 3-3-10 操作。

表 3-3-10　血清肌酐的测定

加入样品	管别		
	空白管	标准管(S)	测定管(T)
苦味酸试剂/mL	0.5	0.5	0.5
氢氧化钠溶液/mL	0.5	0.5	0.5
蒸馏水/mL	1.6	—	—
100 μmol/L 肌酐标准液/mL	—	1.6	—
上清液/mL	—	—	1.6
A_{510}	0		

(3)颠倒混匀，37 ℃水浴 10 min，于 510 nm 波长处用分光光度计以空白管调“0”，分别读取测定管与标准管吸光度，并取平均值。

结果计算：

$$C_{T(\mu mol/L)}=\frac{A_T}{A_S}\times C_{s(100\mu mol/L)}\times 11 \qquad (3\text{-}3\text{-}11)$$

注意：11即样品管测试前的稀释倍数(0.2 mL样品加蛋白沉淀剂2 mL则稀释11倍)。

五、注意事项

(1)测定的温度控制很重要，10 ℃以下会抑制其反应，温度升高可使碱性苦味酸溶液颜色显色加深。

(2)呈色反应在30 min内比色为宜，过久会使测定管的吸光度增加。

(3)全血中含有大量假肌酐(如抗坏血酸、丙酮、乙酰乙酸等)，测定时不宜采用全血。

六、思考题

(1)试述血清肌酐生理作用。

(2)简述血清肌酐测定的注意事项。

(黄小花)

实验十　改良 J-G 法测定血清总胆红素和结合胆红素

一、实验目的

(1)掌握改良 J-G 法测定血清总胆红素和结合胆红素的基本原理。

(2)熟悉改良 J-G 法测定血清总胆红素和结合胆红素的基本步骤及参考值。

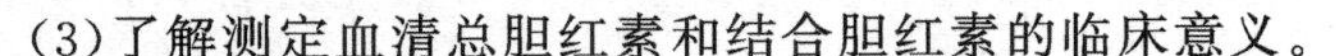

(3)了解测定血清总胆红素和结合胆红素的临床意义。

二、实验原理与临床意义

1. 实验原理

血清中结合胆红素可直接与重氮试剂反应生成紫色的偶氮胆红素;在同样条件下,未结合胆红素须在咖啡因、苯甲酸钠等加速剂破坏胆红素的氢键后才能与重氮试剂反应。在本实验中醋酸钠缓冲液用于维持反应的 pH 值并兼有加速作用,叠氮化钠的作用是破坏剩余的重氮试剂而终止结合胆红素测定管的偶氮反应。最后加入碱性酒石酸钠,紫色偶氮胆红素在碱性条件下转变为蓝色偶氮胆红素,使最大吸光度由 530 nm 转移到 598 nm,此时非胆红素的黄色色素及其他红色与棕色色素产生的吸光度可忽略不计,使测定的灵敏度和特异性增加。

2. 临床意义

胆红素的测定具有重要的临床意义。正常人每天可生成 250～350 mg 胆红素,其中 80%以上来自衰老红细胞破坏所释放的血红蛋白的分解。胆红素在肝细胞中结合葡萄糖醛酸生成水溶性结合胆红素并泌入胆小管,这是肝对有毒性胆红素的一种根本性的解毒方式。正常血清胆红素浓度为 3.4～17.1 μmol/L 或 0.2～1 mg/dL,其中 4/5 为游离胆红素,其余为结合胆红素。若体内胆红素生成过多,或肝细胞对胆红素的摄取、转化及排泄能力下降等均可引起血浆胆红素增多,称为高胆红素血症。胆红素为橙黄色物质,过量的胆红素扩散进入组织造成组织黄染的体征就称为黄疸。

三、实验用品

1. 材料

兔血清。

2. 试剂

(1)咖啡因-苯甲酸钠试剂:称取无水醋酸钠 14.0 g,苯甲酸钠 37.5 g,乙二胺四乙酸二钠(EDTA-Na_2)0.5 g,溶于 500 mL 蒸馏水中,再加咖啡因 25.0 g,搅拌至完全溶解(不可加热),用蒸馏水稀释至 1000 mL。混匀、过滤后置棕色瓶中于室温保存。

(2)碱性酒石酸钠溶液:称取氢氧化钠 75.0 g,酒石酸钠($Na_2C_4H_4O_6 \cdot 2H_2O$)263.0 g,

用蒸馏水溶解并稀释至 1000 mL。混匀后置塑料瓶中于室温保存。

(3)亚硝酸钠溶液(5.0 g/L):称取亚硝酸钠($NaNO_2$)0.5 g,用蒸馏水溶解并稀释至100mL,混匀后置棕色瓶中于 4 ℃保存。若溶液呈淡黄色应丢弃重配。

(4)对氨基苯磺酸溶液(5.0 g/L):称取对氨基苯磺酸($C_6H_7NO_3S$)5.0 g,加蒸馏水 800 mL 及浓盐酸 15 mL,待完全溶解后加蒸馏水稀释至 1000 mL,混匀。

(5)重氮试剂:临用前取 5.0 g/L 亚硝酸钠 0.5 mL 和 5.0 g/L 对氨基苯磺酸溶液 20 mL,混匀。

(6)叠氮化钠溶液(5.0 g/L):称取叠氮化钠(NaN_3)0.5 g,用蒸馏水溶解并稀释至 100 mL,混匀。

(7)稀释血清:收集无溶血、无黄疸、无脂浊的新鲜血清并过滤。取 1 mL 过滤血清,加入 24 mL 新鲜生理盐水,混匀。以生理盐水调零,稀释血清在 414 nm 吸光度应小于 0.100,在 460 nm 吸光度应小于 0.040。

(8)胆红素标准液(171 μmol/L 或 10 mg/dL):称取符合标准的胆红素(分子量为 584.68)10 mg,加入二甲亚砜 1 mL,用玻棒搅匀,加入 0.05 mol/L Na_2CO_3溶液 2 mL,使胆红素完全溶解。移入 100 mL 容量瓶,用稀释血清洗涤数次并移入容量瓶中,缓慢加入 0.1 mol/L HCl溶液 2 mL(边加边缓慢摇动,避免产生气泡),最后用稀释血清稀释至 100 mL。避光于 4 ℃保存,3 天内有效,最好当天绘制标准曲线。

3. 仪器

试管、移液器、紫外-可见分光光度计(T6,北京普析通用)、恒温水浴箱。

四、实验步骤及结果计算

1. 标准曲线的绘制

按表 3-3-11 配制 5 种不同浓度的胆红素标准液,加好试剂后将各管充分混匀,避免产生气泡:

表 3-3-11 配制 5 种不同浓度的胆红素标准液

试剂	管号				
	1	2	3	4	5
胆红素标准液(171 μmol/L)/mL	0.4	0.8	1.2	1.6	2.0
稀释血清/mL	1.6	1.2	0.8	0.4	0.0
相当于胆红素浓度(μmol/L)/mL	34.2	68.4	103	137	171
相当于胆红素浓度(mg/dL)/mL	2	4	6	8	10

取上述配制好的不同浓度胆红素标准液按表 3-3-12 进行操作(可根据需要设置重复

组，结果取平均值）：

表 3-3-12　绘制胆红素标准曲线

试　剂	管　别	
	标准胆红素管	对照管
根据表 3-3-11 配置的不同浓度标准胆红素溶液/mL	0.2	0.2
咖啡因-苯甲酸钠试剂/mL	1.6	1.6
氨基苯磺酸溶液/mL	—	0.4
重氮试剂/mL	0.4	—
混匀，各管置于室温 10 min		
碱性酒石酸钠溶液/mL	1.2	1.2

不同浓度的标准胆红素管用各自的对照管调零，于波长 600 nm 处读取各管吸光度，然后与相应的胆红素浓度绘制标准曲线。

2. 测定血清总胆红素和结合胆红素

取 3 支试管（可根据需要设置重复组，结果取平均值），标明总胆红素管、结合胆红素管和空白管，然后按表 3-3-13 操作：

表 3-3-13　测定血清总胆红素和结合胆红素

试　剂	管　别		
	总胆红素管	结合胆红素管	空白管
血清/mL	0.2	0.2	0.2
咖啡因-苯甲酸钠试剂/mL	1.6	—	1.6
氨基苯磺酸溶液/mL	—	—	0.4
重氮试剂/mL	0.4	0.4	—
混匀，总胆红素管置于室温 10 min，结合胆红素管 37 ℃水浴准确放置 1 min，继续操作			
叠氮钠溶液/mL	—	0.05	—
咖啡因-苯甲酸钠试剂/mL	—	1.55	—
碱性酒石酸钠溶液/mL	1.2	1.2	1.2

充分混匀后，用空白管调零，于波长 600 nm 处读取总胆红素管和结合胆红素管吸光度，在标准曲线上查出相应的胆红素浓度。

3. 实验结果

将实验结果填入表 3-3-14。

表 3-3-14　实验结果

总胆红素的 A 值	
结合胆红素的 A 值	
血清总胆红素	
血清结合胆红素	

五、注意事项

(1)参考值:血清总胆红素为 5.1～19 μmol/L 或 0.3～1.1 mg/dL;血清结合胆红素为 1.7～6.8 μmol/L 或 0.1～0.4 mg/dL。

(2)本测定方法在 10 ℃～37 ℃范围内不易受环境温度影响,显色在 2 h 内稳定。

(3)样品如出现严重溶血可导致测定结果偏低。

(4)血脂可影响测定结果,故应尽量取空腹血。

(5)胆红素对光敏感,胆红素标准液及血清样本均应避光。

六、思考题

(1)试述改良 J-G 法测定血清胆红素的基本原理。

(2)试述胆红素代谢的基本过程以及血清胆红素测定在黄疸鉴别诊断中的意义。

(张弦)

实验十一　酮体代谢的检测

一、实验目的

(1)掌握酮体的检测方法。

(2)了解酮体生成的特点和临床意义。

二、实验原理与临床意义

酮体是脂肪酸在肝脏氧化分解时形成的特有中间代谢物乙酰乙酸、β-羟丁酸及丙酮3种物质的总称,是在特殊情况下肝脏向外输出能源的一种特殊方式。酮体代谢的一个重要特征是肝内生酮肝外用。

在本实验中肝组织匀浆液由于含有合成酮体的酶,丁酸作为底物可与肝组织匀浆液在37 ℃共同孵育生成酮体。酮体可与亚硝基铁氰化钠为主要成分的显色粉产生紫红色物质;而肌肉匀浆液经同样处理则不产生酮体,故无显色反应。

酮体的检测在临床上有重要的意义。在正常情况下,生物体主要依靠糖的有氧氧化供能,脂肪动员较少,血中仅含少量酮体(0.05～0.85 mmol/L或0.3～5 mg/dL)。由于血脑屏障的存在,除葡萄糖和酮体外的物质无法进入脑为脑组织提供能量,所以酮体对大脑的供能起到很大的作用。当肝内生酮的速度超过肝外组织利用酮体的能力时,血中酮体含量异常升高,称为酮血症;此时尿中也可出现大量酮体,称为酮尿症。乙酰乙酸和β-羟丁酸都是较强的有机酸,当血中酮体过高时,血液pH会下降进而导致酸中毒。酮症酸中毒是一种临床常见的代谢性酸中毒。

三、实验材料、试剂与仪器

1. 材料

昆明小鼠。

2. 试剂

(1)20% NaCl溶液。

(2)罗氏溶液:NaCl 0.9 g,KCl 0.042 g,$CaCl_2$ 0.024 g,$NaHCO_3$ 0.02 g,葡萄糖0.1 g,溶解后加蒸馏水至100 mL。

(3)丁酸(0.5 mol/L):取44.0 g丁酸溶于0.1 mol/L NaOH溶液至最终体积1000 mL。

(4)磷酸缓冲液(1/15 mol/L,pH 7.6)。

(5)15%三氯醋酸。

(6)酮体溶液(选做)。

(7)显色粉:亚硝基铁氰化钠1 g、无水碳酸钠30 g、硫酸铵50 g,混合后研磨成粉状。

3. 仪器

试管及试管架、剪刀、恒温水浴箱、研钵、离心机(L500,湖南湘仪)。

四、实验步骤

1. 制备肝匀浆液和肌肉匀浆液

取1只小鼠,断头处死后迅速剖腹取出全部肝脏和部分肌肉组织,分别置于研钵中,用剪刀剪碎组织后,加入生理盐水(按重量/体积=1∶3)和少量细砂,研磨成匀浆液。

2. 实验操作

取试管2支,编号,按表3-3-15操作。

表3-3-15 制备检测肝组织、肌肉溶液

试剂	管号	
	1号	2号
罗氏溶液/滴	15	15
0.5 mol/L丁酸溶液/滴	30	30
1/15 mol/L磷酸缓冲液/滴	15	15
肝匀浆液/滴	20	—
肌肉匀浆液/滴	—	20
置37 ℃水浴中孵育40～50 min		
15%三氯醋酸/滴	20	20

将1号和2号试管分别摇晃混匀5 min,离心沉淀约5 min(3000 rpm),取出上清液移入两支新试管中备用。

另取试管5支并编号(若不加酮体溶液和酮尿仅用3支试管),按表3-3-16操作:

表3-3-16 肝组织、肌肉中酮体的检测

试剂	管号				
	1号	2号	3号	4号	5号
上清液1(肝组织)/滴	20	—	—	—	—
上清液2(肌肉组织)/滴	—	20	—	—	—
酮体溶液(选做)/滴	—	—	20	—	—
0.5 mol/L丁酸溶液/滴	—	—	—	20	—
酮尿(选做)/滴	—	—	—	—	20

各管加显色粉1小匙(绿豆大小),观察各管颜色反应,并解释该现象。

五、注意事项

(1)严格遵守小鼠的抓取操作规程,防止被咬伤。

(2)肝脏与肌肉组织分别匀浆,换组织时,匀浆器要清洗干净。

(3)实验前试管要清洗干净。

六、思考题

(1)实验结果可反映出酮体代谢的什么特点？
(2)本实验中三氯醋酸的作用是什么？

（张弦）

实验十二　血清总蛋白、白蛋白、球蛋白及白/球比值测定

双缩脲法测定血清总蛋白

一、实验目的

(1)掌握血清白蛋白、球蛋白及白/球比值测定的基本原理。

(2)掌握血清白蛋白、球蛋白及白/球比值的测定方法。

(3)掌握血清白蛋白、球蛋白及白/球比值测定的临床意义。

二、实验原理与临床意义

1. 实验原理

具有两个或两个以上肽键的化合物在碱性条件下能与 Cu^{2+} 形成紫红色络合物,该反应称为双缩脲反应。蛋白质含有两个以上的肽键,可发生双缩脲反应,且颜色深浅与蛋白质浓度成正比,故可用双缩脲法来测定蛋白质的浓度。在一定条件下,未知样品的溶液与不同浓度的标准蛋白质溶液同时反应,并于 540 nm 进行比色,通过标准蛋白质的标准曲线可求出未知样品的蛋白质浓度。

$$H_2N—CO—NH_2 + NH_2—CO—NH_2 \rightarrow H_2N—CO—NH—CO—NH_2(\text{双缩脲}) + NH_3$$

$$2\ (O=C(NH_2))_2NH \xrightarrow[NaOH]{CuSO_4} \text{双缩脲紫红色络合物}$$

双缩脲　　　　双缩脲紫红色络合物

2. 临床意义

血清总蛋白的测定具有重要的临床意义:

(1)血清总蛋白浓度降低常见于以下情况:①蛋白质合成障碍,肝功能严重受损引起蛋白质合成减少,以白蛋白降低最显著。②蛋白质丢失增加,严重烧伤导致血浆大量渗出;大出血;肾病综合征病人尿中长期蛋白质流失;溃疡性结肠炎病人可通过粪便流失部分蛋白质。③营养不良或消耗增加,营养失调、低蛋白饮食、维生素缺乏症或慢性肠道疾病所引起的吸收不良,使体内缺乏合成蛋白质的原料;长期患严重结核、恶性肿瘤或甲亢等消耗性疾病均可导致血清总蛋白浓度降低。④血浆稀释,如静脉注射过多低渗溶液或不同原因引起的水钠潴留。

(2)血清总蛋白浓度增高常见于以下情况:①蛋白质合成增加,如多发性骨髓瘤患者异常

球蛋白增加而引起血清总蛋白增加。②血浆浓缩，如呕吐、腹泻、高烧等引起急性脱水，外伤性休克引起毛细血管通透性增大，慢性肾上腺皮质功能减退使得尿排钠增多引起继发性失水。

三、实验用品

1. 材料

兔血清，用生理盐水按 1∶10 的比例稀释后备用。

2. 试剂

(1)10% NaOH 溶液：称取 NaOH 100 g，溶于 800 mL 新制备的蒸馏水(或刚制备的去离子水)中，冷却后稀释至 1 L，储存于带盖塑料瓶中。

(2)双缩脲试剂：称取硫酸铜晶体($CuSO_4 \cdot 5H_2O$)1.5 g 溶于新制备的蒸馏水(或煮沸冷却的去离子水)500 mL 中，加入酒石酸钾钠($NaKC_4H_4O_6 \cdot 4H_2O$，用以结合 Cu^{2+}，防止 CuO 在碱性条件下沉淀)6 g 和 KI(防止碱性酒石酸铜自动还原和 Cu_2O 的离析)1 g，待完全溶解后，在搅拌下加入 10% NaOH 溶液 300 mL，并用蒸馏水稀释至 1 L，置塑料瓶中盖紧保存。此试剂室温下可稳定半年，若储存瓶中有黑色沉淀出现，则需要重新配制。

(3)牛血清白蛋白标准液：将结晶牛血清白蛋白预先经微量凯氏定氮法测定蛋白质含量，再根据其纯度用生理盐水配制成 2 mg/mL 的蛋白标准液。

3. 仪器

试管、移液器、紫外-可见分光光度计(T6，北京普析通用)、恒温水浴箱。

四、实验步骤及结果计算

1. 血清总蛋白的测定

取试管若干(可根据需要设置重复组，结果取平均值)，按表 3-3-17 操作：

表 3-3-17　血清总蛋白的测定

试　剂	管　号							
	0	1	2	3	4	5	6	血清
牛血清白蛋白含量/mg	0	0.6	1.2	2.4	3.6	4.8	6.0	
2 mg/mL 牛血清白蛋白体积/mL	0	0.3	0.6	1.2	1.8	2.4	3.0	
待测血清体积/mL	—	—	—	—	—	—	—	3.0
生理盐水/mL	3.0	2.7	2.4	1.8	1.2	0.6	0	0
各管混匀								
双缩脲试剂/mL	3.0	3.0	3.0	3.0	3.0	3.0	3.0	3.0
37 ℃反应 30 min 后，以 0 号管调零，在 540 nm 处测定各管的光吸收值								
A_{540}	—							

2. 绘制标准曲线

以牛血清白蛋白含量为横坐标，A_{540} 为纵坐标，绘制标准曲线。

3. 计算

根据待测血清的 A_{540} 值从标准曲线上查得样品的蛋白质含量(mg)，再根据样品体积和稀释倍数计算出血清的浓度。

五、注意事项

(1)样品蛋白质含量应落在标准曲线范围内,若不在则说明样品浓度太高应对样品进行一定比例的稀释。本方法绘制的标准曲线是一条通过原点的直线,在浓度小于 100 mg/mL 时呈良好的线性关系。

(2)测定须于显色后 30 min 内完成,且各管由显色到比色的时间应尽可能一致。

(3)黄疸血清、严重溶血、葡聚糖、酚酞及磺溴酞钠对本法有明显干扰,可用标本空白管来消除,若标本空白管吸光度太高会影响测定的准确度。

(4)高脂血症混浊血清会干扰比色,可采用以下方法消除:取 2 支带盖离心管,各加待测血清 0.1 mL,再加蒸馏水 0.5 mL 和丙酮 10 mL,拧紧并颠倒混匀 10 次后离心,倾去上清液,将试管倒立于滤纸上吸去残余液体。向沉淀中分别加入双缩脲试剂及双缩脲空白试剂,再进行与上述相同的其他操作和计算。

六、思考题

试述双缩脲法测定血清总蛋白的原理及测定时的注意事项。

(张弦)

血清白蛋白、球蛋白及白/球比值测定

一、实验目的

(1)掌握血清白蛋白、球蛋白及白/球比值测定的基本原理。

(2)掌握血清白蛋白、球蛋白及白/球比值的测定方法。

(3)掌握血清白蛋白、球蛋白及白/球比值测定的临床意义。

二、实验原理及临床意义

1. 实验原理

先用双缩脲法测定血清标本中的总蛋白浓度,再用溴甲酚绿法测定血清标本中的血清白蛋白的浓度,最后用总蛋白浓度减去白蛋白浓度即得到球蛋白浓度,并可求得白蛋白与球蛋白的比值,即白/球比值。

白蛋白具有与阴离子染料结合的性质,在 pH 4.2 的环境中,带正电荷的白蛋白(pI=4.9)与阴离子染料溴甲酚绿(BCG)结合,由黄色变成蓝绿色。颜色的深浅与白蛋白的浓度成正比,在波长 620 nm 处有吸收峰。因此,应用 BCG 法可直接测定血清白蛋白的含量。在试剂中加入非离子型表面活性剂可提高蛋白质与染料的结合力和溶解度。

2. 临床意义

血清白蛋白、球蛋白及白/球比值测定具有重要的临床意义:

(1)血清白蛋白浓度增高:常见于严重脱水所导致的血浆浓缩。

(2)血清白蛋白浓度降低:在临床上比较常见,与总蛋白降低的原因大致相同。急性降低主要见于大出血和严重烧伤;慢性降低见于肾病蛋白尿、肝功能受损、肠道肿瘤及结核病伴慢性出血、营养不良和恶性肿瘤等。当血清白蛋白低于 20 g/L 时会出现水肿。

(3)白/球比值的正常范围为 1.5～2.5。某些病人可同时出现白蛋白减少和球蛋白升高的现象，严重者白蛋白与球蛋白的含量比小于 1.0，该情况称为白/球(A/G)倒置。

三、实验用品

1. 材料

兔血清。

2. 试剂

(1)BCG 贮存液：取 BCG 419 mg，用 10 mL 0.1 mol/L NaOH 溶解，加入 100 mg NaN_3，定容至 1000 mL 并储存于棕色瓶中备用。如用溴甲酚绿钠盐应称取 432 mg，加水溶解。

(2)柠檬酸缓冲液(0.1 mol/L，pH 4.2)：分别配制 0.1 mol/L 柠檬酸和枸橼酸钠溶液，然后按 12.3∶7.7 的体积比例混合。每 1000 mL 混合液加入 NaN_3 100 mg。

(3)30%聚氧化乙烯月桂醚(Brij-35)溶液：取 Brij-35 30 g，加少量水并于 60 ℃水浴溶解，加水至 100 mL(该溶液可用 Tween-20 或 Tween-80 代替)。

(4)BCG 应用液：BCG 贮存液 250 mL，0.1 mol/L 柠檬酸缓冲液(pH 4.2)750 mL，30% Brij-35 溶液 8mL(或用 Tween-20 溶液 8 mL 或 Tween-80 溶液 10 mL 代替)混合而成。

(5)牛血清白蛋白标准液(10 mg/mL)：称取牛血清白蛋白 10.0 g，用生理盐水溶解并定容至 100 mL。

3. 仪器

试管、移液器、紫外-可见分光光度计(T6，北京普析通用)、恒温水浴箱。

四、实验步骤及结果计算

1. 白蛋白标准曲线绘制：

取 4 支试管，按表 3-3-18 稀释标准液，然后按表 3-3-19 操作。

表 3-3-18　白蛋白标准曲线绘制

试　剂	管　号			
	1	2	3	4
牛血清白蛋白标准液/mL	0.1	0.2	0.4	0.6
生理盐水/mL	0.9	0.8	0.6	0.4
稀释后的白蛋白含量/(mg/mL)	1.0	2.0	4.0	6.0

表 3-3-19　测定血清白蛋白

试　剂	管　号				
	0	1	2	3	4
生理盐水/mL	0.2	—	—	—	—
上述 1～4 管稀释标准液/mL	—	0.2	0.2	0.2	0.2
BCG 应用液/mL	5.0	5.0	5.0	5.0	5.0

充分混匀后，用空白管调零，于波长 620 nm 读取各管的吸光度，以吸光度为纵坐标，相应管中的白蛋白浓度为横坐标绘制标准曲线。

2. 血清白蛋白的测定

用生理盐水按 1∶10 的比例稀释血清，取稀释后的血清 0.2 mL，然后加入 BCG 应用液 5.0 mL，混匀后立即用上述方法测定血清的吸光度，并从标准曲线上查出相应的白蛋白浓度。

3. 计算白/球比值(A/G)

用双缩脲法测定血清标本中的总蛋白浓度，用总蛋白浓度减去白蛋白浓度即得球蛋白浓度，并可求得白/球比值：

$$白/球比值=\frac{白蛋白含量}{总蛋白含量-白蛋白含量} \tag{3-3-11}$$

五、注意事项

(1)BCG 除了能与白蛋白结合外，还可与 α-球蛋白和 β-球蛋白结合，但与后者结合速度较慢，其显色强度分别为白蛋白的 20%和 10%，因此在操作中应控制比色时间，在 BCG 加入后的 30 s 内完成测定，以避免球蛋白参与反应。

(2)BCG 是一种 pH 指示剂，在 pH = 3.8 时显黄色，在 pH = 5.4 时显蓝绿色，因此控制反应液的 pH 值是本法测定的关键。

六、思考题

血清白蛋白、球蛋白及白/球比值测定方法的原理和临床意义。

(张弦)

第四节　维生素、无机物和肿瘤标记物检测

实验一　2,4-二硝基苯肼比色法——测定血清或尿液维生素C

一、实验目的

(1)了解维生素C测定的基本原理。

(2)掌握维生素C的测定方法。

(3)复习维生素C的有关理论知识。

二、实验原理

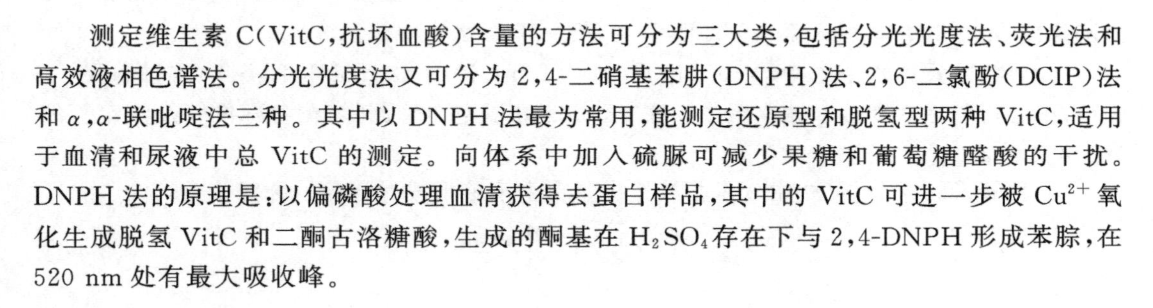

测定维生素C(VitC,抗坏血酸)含量的方法可分为三大类,包括分光光度法、荧光法和高效液相色谱法。分光光度法又可分为2,4-二硝基苯肼(DNPH)法、2,6-二氯酚(DCIP)法和α,α-联吡啶法三种。其中以DNPH法最为常用,能测定还原型和脱氢型两种VitC,适用于血清和尿液中总VitC的测定。向体系中加入硫脲可减少果糖和葡萄糖醛酸的干扰。DNPH法的原理是:以偏磷酸处理血清获得去蛋白样品,其中的VitC可进一步被Cu^{2+}氧化生成脱氢VitC和二酮古洛糖酸,生成的酮基在H_2SO_4存在下与2,4-DNPH形成苯腙,在520 nm处有最大吸收峰。

三、实验用品

1. 器材

离心机(L500,湖南湘仪)、15 mL具塞刻度试管若干支、5 mL离心管若干支、各种吸管(10 mL、5 mL、2 mL、1 mL)各若干支、37 ℃水浴箱、紫外-可见分光光度计(T6,北京普析通用)。

2. 试剂

(1)0.75 mol/L偏磷酸:称取偏磷酸30 g,加蒸馏水溶解并定容至500 mL,可稳定1周。

(2)4.5 mol/L H_2SO_4:小心地将250 mL浓H_2SO_4加入500 mL冷的蒸馏水中,边加边缓慢搅拌(在冷水浴中进行,以防强烈放热反应)。当达到室温时,加蒸馏水定容至1000 mL,室温下可稳定2年。

(3)20 g/L(0.01 mol/L)2,4-DNPH:称取10 g 2,4-DNPH,于4.5 mol/L H_2SO_4溶液中溶解并定容至500 mL,置冰箱过夜后过滤,置4 ℃贮存至少可稳定1周。

(4)50 g/L(0.66 mol/L)硫脲:称取5 g硫脲用蒸馏水溶解,定容至100 mL,置4 ℃贮存可稳定1个月。

(5)6 g/L(0.027 mol/L)$CuSO_4$溶液:称取0.6 g无水硫酸铜,用蒸馏水溶解并定容至100 mL,室温下可稳定半年。

(6)0.5 g/L(2.8 mmol/L)VitC标准贮存液:称取50 mg VitC,用0.75 mol/L偏磷酸

溶液溶解并定容至 100 mL。

(7) VitC 标准应用液：取适量 2.8 mmol/L VitC 标准贮存液，用 0.75 mol/L 偏磷酸溶液稀释成 2.5 mg/L、5 mg/L、20 mg/L(0.014 mmol/L、0.028 mmol/L、0.112 mmol/L)的溶液，当天配制当天使用。

(8) DTC 试剂(二硝基苯肼/硫脲/硫酸铜混合液)：取 5 mL $CuSO_4$ 溶液(6 g/L)、5 mL 硫脲溶液(50 g/L)及 100 mL 2,4-DNPH 溶液(20 g/L)混匀。临用前现配。

四、实验步骤及结果计算

(1)取 0.5 mL 血清、2 mL 偏磷酸溶液至 5 mL 离心管中，混匀，1500 rpm(900 g)室温离心 10 min。吸取上清液各 1.2 mL 到两支 15 mL 具塞刻度试管中。

(2)取 1.2 mL 各浓度 Vit C 标准应用液到 15 mL 具塞刻度试管中作为标准管，每种标准液设置两个平行管。

(3)取 1.2 mL 偏磷酸溶液到 15 mL 具塞刻度试管中作为空白管，设置两个平行管。向上述各试管中加入 0.4 mL DTC 试剂，混匀后于 37 ℃水浴中保温 3 h。

(4)将各管置冰水浴中冷却 10 min 后，加入 2 mL 冷的 12 mol/L H_2SO_4(腐蚀力强，小心!)，小心混匀后立即放入冰水浴中。在 520 nm 处以空白管调零，测各标准管及测定管的吸光度(A)。

(5)计算及结果分析(式中 5 是指校正去蛋白上清液形成时样品的稀释倍数)：

$$C_{测定管} = C_{标准管} \times \frac{A_{测定管}}{A_{标准管}} \times 5 \tag{3-4-1}$$

五、注意事项

要求准确把握加量、水浴、冰浴时间。

六、思考题

试述 VitC 缺乏的临床意义。

(占艳艳)

实验二　甲基百里香酚蓝比色法——测定血清钙

一、实验目的

(1)了解血清钙测定的基本原理。
(2)掌握血清钙正常水平。
(3)复习钙的有关理论知识。

二、实验原理及临床意义

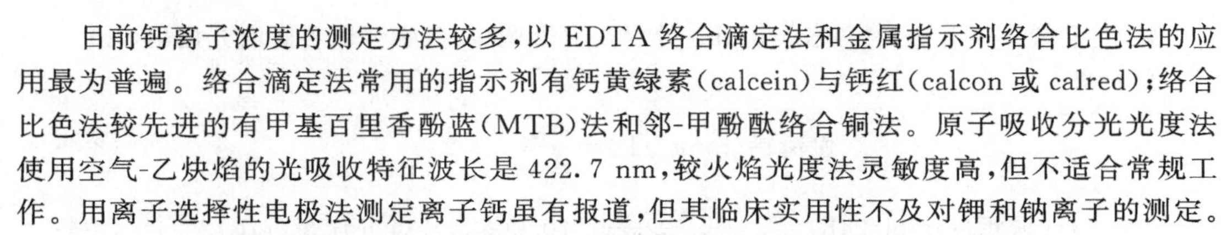

目前钙离子浓度的测定方法较多,以 EDTA 络合滴定法和金属指示剂络合比色法的应用最为普遍。络合滴定法常用的指示剂有钙黄绿素(calcein)与钙红(calcon 或 calred);络合比色法较先进的有甲基百里香酚蓝(MTB)法和邻-甲酚酞络合铜法。原子吸收分光光度法使用空气-乙炔焰的光吸收特征波长是 422.7 nm,较火焰光度法灵敏度高,但不适合常规工作。用离子选择性电极法测定离子钙虽有报道,但其临床实用性不及对钾和钠离子的测定。

MTB 法的原理如下:血清中的钙离子在碱性溶液中与 MTB 结合,生成一种蓝色的络合物,在 610 nm 处有最大吸收峰。与同样处理的钙标准液进行比较,求得血清总钙含量。MTB 试剂中加入适量 8-羟基喹啉,可消除镁离子对测定的干扰。

三、实验用品

1. 材料

紫外-可见分光光度计(T6,北京普析通用)、各种吸管(10 mL、5 mL、2 mL、1 mL)各若干支、15 mL 具塞刻度试管若干支。

2. 试剂

(1)MTB 试剂:取去离子水 20 mL,小心加入浓盐酸 1.2 mL 并混匀,再加 1.45 g 8-羟基喹啉使其溶解。另取去离子水 500 mL,加入 MTB 0.114 g 使其溶解后,再加入聚乙烯吡咯烷酮(PVP)1.5 g 使其溶解。混合上述两液,加入 16.75 g/L 乙二胺四乙酸二钠(EDTA)水溶液 2.2～2.4 mL 并混匀,以去离子水定容至 1000 mL。

(2)显色基础液:取去离子水 700 mL,加无水亚硫酸钠 24 g 使之溶解,再加入单乙醇胺 200 mL 并混匀,以去离子水定容至 1000 mL。

(3)钙标准液(2.5 mmol/L):精确称取无水碳酸钙($CaCO_3$,AR)0.25 g,加稀盐酸(1 份浓盐酸加 9 份去离子水)7 mL 溶解后,加去离子水 900 mL,然后用 500 g/L 醋酸铵溶液调 pH 至 7.0,用去离子水定容至 1000 mL。

四、实验步骤及结果计算

1. 操作

按表 3-4-1 操作:

表 3-4-1　MTB 比色法测钙操作

试　剂	管　别		
	测定管	标准管	空白管
MTB 试剂/mL	2.0	2.0	2.0
显色基础液/mL	2.0	2.0	2.0
血清(尿)/mL	0.05(0.02)	—	—
钙标准液 (2.5 mmol/L)/mL	—	0.05	—
去离子水/mL	—(0.03)	—	0.05
A_{610}			0

混匀，静置 5 min 后，在波长 610 nm 处以空白管调零，分别读取各管吸光度值(A)。

2. 计算

$$血清钙(mmol/L)=\frac{A_{测定管}}{A_{标准管}}\times 2.5 \tag{3-4-2}$$

$$尿钙(mmol/24h)=\frac{A_{测定管}}{标准管吸光度}\times 0.00625\times 24\ h尿量(mL) \tag{3-4-3}$$

3. 正常参考值

(1)血清钙：成人 2.03～2.54 mmol/L；

　　　　　儿童 2.25～2.67 mmol/L。

(2)血清离子钙：1.13～1.35 mmol/L。

(3)红细胞钙：全血中的钙几乎都在血浆中，红细胞中只有 15.72 μmol/压积细胞。

4. 尿钙排泄量

随饮食不同，尿钙排泄量有较大幅度变化。

(1)低钙饮食时为 3.75 mmol/24 h。

(2)一般钙饮食时为 6.25 mmol/24 h。

(3)高钙饮食时为 10 mmol/24 h。

5. 唾液钙

正常值为 0.74～1.69 mmol/L。

五、注意事项

(1)MTB 与 EDTA 有相似的氨羧结构，能络合多种阳离子，但二者的稳定常数不同。

(2)所用的试管需仔细清洗并检查是否足够干净：试管清洗后先用去离子水浸泡两次，再烤干备用。所有清洁后的试管加入试剂后应呈一致的浅灰绿色，若显蓝色则表示试管有污染。

(3)MTB 试剂中加入少量 EDTA 的目的在于掩蔽试剂中污染的钙以及其他的金属离子，以降低空白管吸光度，从而使灵敏度提高。

(4)EDTA 的用量选择：绝大部分金属离子与 EDTA 的络合稳定常数大于钙，仅有少数微量元素的络合稳定常数小于钙。限量的 EDTA 会掩蔽试剂中的干扰元素，再无多余 EDTA 去络合血清钙。一般用于配试剂的 EDTA 浓度为 99～108 μmol/L，最终络合显色反应的 EDTA 浓度为 50～54 μmol/L。

六、思考题

(1)试述钙的生理作用。

(2)简述血清钙测定的注意事项。

（占艳艳）

实验三　亚铁嗪法——测定血清铁与总铁结合力

一、实验目的

(1)掌握亚铁嗪法测定血清铁与总铁结合力的实验原理与方法。

(2)学会合理安排实验顺序。

二、实验原理及临床意义

1. 实验原理

铁是人体必需的微量元素,人体内铁含量为3～5 g,铁在体内分布很广,其中67.58%分布于血红蛋白中。血清铁总量很低,血清中的非血红素铁均以Fe^{3+}形式与转铁蛋白结合,所以在测定血清铁含量时,首先需要使Fe^{3+}与转铁蛋白分离。比色法是目前大多数实验室测定血清铁的常规方法。

血清中Fe^{3+}与转铁蛋白结合成复合物,在酸性介质中Fe^{3+}从复合物中解离出来,被还原剂还原成Fe^{2+},Fe^{2+}与亚铁嗪直接作用生成紫红色复合物,与同样处理的铁标准液比较,即可求得血清铁含量。

总铁结合力(TIBC)是指血清中转铁蛋白所能结合的最高铁含量。将过量铁标准液加到血清中,使之与未结合铁的转铁蛋白结合,多余的铁被轻质碳酸镁粉吸附除去,然后测定血清中总铁含量,即为总铁结合力。

2. 临床意义

血清铁降低见于:①体内总铁不足,如营养不良、铁摄入不足或胃肠道病变、缺铁性贫血;②铁丢失增加,如泌尿道、生殖道、胃肠道慢性长期失血;③铁的需要量增加,如妊娠及婴儿生长期、感染、尿毒症等。

血清铁增高见于:①血色沉着症(含铁血黄素沉着症);②溶血性贫血,从红细胞释放铁增加;③肝坏死,贮存铁从肝释放;④铅中毒、再生障碍性贫血、血红素合成障碍,如铁粒幼红细胞贫血等铁利用和红细胞生成障碍。

血清总铁结合力增高见于:①各种缺铁性贫血,转铁蛋白合成增强;②肝细胞坏死等贮存铁蛋白从单核吞噬系统释放入血液增加。

血清总铁结合力降低见于:①遗传性转铁蛋白缺乏症,转铁蛋白合成不足;②肾病、尿毒症,转铁蛋白丢失;③肝硬化、血色沉着症,贮存铁蛋白缺乏。

三、实验用品

1. 器材

紫外-可见分光光度计(T6,北京普析通用),移液器、中号试管若干支。

2. 试剂

(1)0.4 mol/L 甘氨酸-盐酸缓冲液(pH 2.8):0.4 mol/L 甘氨酸溶液 58 mL、0.4 mol/L 盐酸溶液 42 mL 和 Triton X-100 3 mL 混合后加入无水亚硫酸钠 800 mg,使之溶解。

(2)亚铁嗪显色剂:称取亚铁嗪[3-(2-吡啶基)-5,6-双(4-苯磺酸)-1,2,4-三嗪]0.6 g 溶于去离子水 100 mL 中。

(3)1.79 mmol/L 铁标准储存液:精确称取硫酸高铁胺[$FeNH_4(SO_4)_2 \cdot 12H_2O$,GR]0.8635 g,置于 1 L 容量瓶中,加入去离子水约 50 mL,逐滴加入浓硫酸 5 mL,溶解后用去离子水定容至刻度,混匀,置棕色瓶中可长期保存。

(4)35.8 μmol/L 铁标准应用液:吸取铁标准储存液 2 mL,加入去离子水约 50 mL 及浓硫酸 0.5 mL,再用去离子水稀释至 100 mL,混匀。

(5)179 μmol/L TIBC 铁标准液:准确吸取铁标准贮存液 10 mL,加入去离子水约 50 mL 及浓硫酸 0.5 mL,再用去离子水稀释至 100 mL,混匀。

(6)轻质碳酸镁粉。

四、实验步骤及结果计算

1. 血清铁测定

取试管 3 支,标明测定、标准和空白,按表 3-4-2 操作。

表 3-4-2　亚铁嗪比色法测定血清铁操作

加入物	管别		
	空白管	标准管	测定管
血清/mL	—	—	0.45
35.8 μmol/L 铁标准应用液/mL	—	0.45	—
去离子水/mL	0.45	—	—
甘氨酸-盐酸缓冲液/mL	1.2	1.2	1.2
混匀,在 562 nm 波长处,用空白管调零,读取测定管吸光度(血清空白)			
亚铁嗪显色剂/mL	0.05	0.05	0.05
A_{562}	0		
混匀,室温放置 15 min 或置 37 ℃ 10 min,再次读取各管吸光度			

2. 血清总铁结合力测定

在试管中加入血清 0.45 mL,179 μmol/L TIBC 铁标准液 0.25 mL,去离子水 0.2 mL,充分混匀后,室温放置 10 min,加入碳酸镁粉末 20 mg,在 10 min 内振摇数次,3000 rpm 离心 10 min,取上清液,与血清铁测定同样操作,见表 3-4-3。

表 3-4-3 亚铁嗪比色法测定血清总铁结合力操作

加入物	管别		
	空白管	标准管	测定管
上清液/mL	—	—	0.45
35.8 μmol/L 铁标准应用液/mL	—	0.45	—
去离子水/mL	0.45	—	—
甘氨酸-盐酸缓冲液/mL	1.2	1.2	1.2
混匀，在 562 nm 波长处，以空白管调零，读取测定管吸光度(血清空白)			
亚铁嗪显色剂/mL	0.05	0.05	0.05
A_{562}	0		
混匀，室温放置 15 min 或置 37 ℃ 10 min，再次读取各管吸光度			

3. 实验结果计算

$$血清铁(\mu mol/L)=\frac{A_U-(血清\ A_B\times 0.97)}{A_S}\times 35.8(\mu mol/L) \quad (3\text{-}4\text{-}4)$$

$$血清铁(\mu g/dL)=\mu mol/L \div 0.179 \quad (3\text{-}4\text{-}5)$$

$$血清总铁结合力(\mu mol/L)=\frac{A_U-(血清\ A_B\times 0.97)}{A_S}\times 71.6\ \mu mol/L \quad (3\text{-}4\text{-}6)$$

两次测定吸光度时溶液体积不同，结果应将血清空白吸光度乘以体积校正值 0.97 (0.165/0.170)。

五、注意事项

(1)实验用水必须经过去离子处理。玻璃器材必须用 10%(V/V)盐酸浸泡 24 h，取出后再用去离子水冲洗。洗过的玻璃器皿应避免与铁器接触，以防污染。所用试剂要求纯度高，含铁量极微。

(2)溶血标本对测定有影响，应避免溶血。

(3)标准液呈色可稳定 24 h；血清呈色可稳定 30 min，应在 1 h 内完成比色。

参考范围：

成年男性血清铁 11～30 μmol/L (600～1700 μg/L)；

成年女性血清铁 9～27 μmol/L(500～1500 μg/L)。

成年男性血清总铁结合力 50～77 μmol/L (2800～4300 μg/L)；

成年女性血清总铁结合力 54～77 μmol/L(3000～4300 μg/L)。

(4)方法评价：线性在 140 μmol/L 以下线性良好，回收率 98.3%～100.56%。干扰试验：血红蛋白＞250 mg/L 时，结果偏高 1%～5%；胆红素 102.6～171 μmol/L 时，结果升高 1.9%～2.8%；甘油三酯 5.65 μmol/L 时，结果升高 5.6%；铜 31.4 μmol/L 时，结果升高

0.33 μmol/L；在生理条件下，铜与铜蓝蛋白结合，故对铁的测定基本上无干扰。

六、思考题

(1)本实验操作过程中应当怎样避免实验结果的误差？
(2)测定血清铁和总铁结合力有何临床意义？
(3)临床血液生化检测为什么最好空腹？

（王鑫）

实验四　四苯硼钠直接比浊法测定血清钾离子浓度

一、实验目的

掌握正常成人血清钾测定的正常参考范围及临床意义。

二、实验原理及临床意义

1. 实验原理

常用的测定体液中钾、钠离子含量的方法包括化学法、中子活化法、火焰光度法、原子吸收分光光度法、离子选择电极法、酶法等。本实验利用血清中的钾离子在碱性溶液中与四苯硼钠作用生成难溶性的四苯硼钾，其产生的浊度在一定范围内(钾离子浓度在 10 mmol/L 以下)与钾离子浓度成正比，与同样处理的钾标准液比浊，可计算出血清钾的含量。

2. 临床意义

(1)高钾血症：血清钾高于 5.5 mmol/L，见于：①钾排出减少，如原发性肾小管排钾功能缺陷、肾上腺皮质功能减退症、低醛固酮血症等；②钾摄入量过多，如高钾饮食、注射青霉素钾盐、静脉补充过多的含钾液体、输入长期库存血液等；③细胞内钾外移，如挤压伤、溶血组织缺氧、酸中毒、糖尿病胰岛素缺乏、洋地黄中毒、先天性高钾性周期麻痹等。

(2)低钾血症：血清钾低于 3.5 mmol/L，见于：①钾丢失过多，如急性肾衰竭多尿期、醛固酮增多症等；②钾摄入量过少，如低钾饮食、酒精中毒、吸收不良等；③体内钾分布异常，如碱中毒、糖尿病酸中毒治疗恢复期、低钾性周期麻痹等。

三、实验用品

1. 器材

微量移液器、刻度吸量管、台式离心机(L500，湖南湘仪)、紫外-可见分光光度计(T6，北京普析通用)。

2. 试剂

1％四苯硼钠、0.5 mmol/L KCl 标准液、1/3 mol/L H_2SO_4、10％钨酸钠。

四、实验步骤及结果计算

1. 制备无蛋白血滤液

取试管一支，加入血清 0.2 mL、蒸馏水 1.4 mL，然后再准确加入 1/3 mol/L H_2SO_4溶液 0.2 mL、10％钨酸钠溶液 0.2 mL，边加边摇匀，静置 3 min 后，以 2500 rpm 的转速，离心 5 min，离心后所得上清液即为血滤液，将其倒入另一支小试管内备用。

2. 配制反应液

取试管 3 支，编号，按表 3-4-4 进行操作。

表 3-4-4　四苯硼钠直接比浊法测定血清钾反应的体系配制

试　剂	管　别		
	空白管	标准管	测定管
蒸馏水/mL	1	—	—
0.5 mmol/L KCl 标准液/mL	—	1	—
血滤液/mL	—	—	1
1%四苯硼钠/mL	4	4	4
A_{520}	0		

混匀，静置 5 min 后在波长 520 nm 处，以空白管调零，读取标准管和测定管的吸光度。

3. 实验结果计算

血清钾含量(mmol/L)$= A_{测}/A_{标} \times 0.5 \times 1/0.1$

$= A_{测}/A_{标} \times 5$

正常成人血清钾参考范围：3.5～5.5 mmol/L。

五、注意事项

(1)红细胞内钾的含量较血清高出 20 多倍，故应防止溶血。血液凝固后，应在 1～2 h 内分离血清，以免红细胞内的钾渗入血清中。

(2)四苯硼钠的品质差别很大，不宜做标准曲线，需每次做标准管。尽量选购外观洁白、溶解度高、溶解后溶液清晰者。平时放在干燥器内保存，如变为红色、有刺鼻气味且已成块状，则不宜使用。

(3)严防铵离子污染，因铵离子也能与四苯硼钠产生沉淀，影响测定结果。

六、思考题

(1)本实验操作过程中应当怎样避免实验结果的误差？

(2)钾代谢紊乱的临床症状主要有哪些？主要见于哪些疾病？

（王鑫）

实验五 肿瘤相关抗原CA125定量测定(化学发光法)

一、实验目的

(1)了解肿瘤标志物检测的临床意义(如肿瘤相关抗原CA125)。
(2)学习和掌握化学发光法的基本原理和方法。

二、实验原理及临床意义

肿瘤标志物又称肿瘤标记物(tumor marker,TM),是指特征性地存在于恶性肿瘤细胞,或由于恶性肿瘤细胞异常产生的物质,或是宿主对肿瘤的刺激反应而产生的物质中,并能反映肿瘤发生、发展,监测肿瘤对治疗反应的一类物质。肿瘤标志物存在于肿瘤患者的组织、体液和排泄物中,能够用免疫学、生物学及化学的方法检测到。TM通常包括蛋白质(上皮黏蛋白、胚胎蛋白、糖蛋白等)、激素、酶、糖决定簇、病毒和肿瘤相关基因及其结构改变等。

肿瘤标志物目前主要用于肿瘤的辅助诊断。患者体内检测到的TM浓度越高,患恶性肿瘤的可能性就越大;但不能仅凭肿瘤标志物检验结果进行确诊。肿瘤标志物与肿瘤并不是一一对应的关系,其他一些因素也会导致肿瘤标志物浓度的升高。

CA125(carbohydrate antigen 125)是1981年由Bast等人从上皮性卵巢癌抗原检测出可被单克隆抗体OC125结合的一种糖蛋白,来源于胚胎发育期体腔上皮,在正常卵巢组织中不存在,因此最常见于上皮性卵巢肿瘤(浆液性肿瘤)患者的血清中,其诊断的敏感性较高,但特异性较差。黏液性卵巢肿瘤中不存在。80%的卵巢上皮性肿瘤患者血清CA125浓度升高,但近半数的早期病例并不升高,故不单独用于卵巢上皮性癌的早期诊断。90%患者血清CA125水平与病程进展有关,故多用于病情检测和疗效评估。95%的健康成年女性CA125的水平≤40 U/mL,若升高至正常值的2倍以上应引起重视。CA125不仅是卵巢癌的特异性标志物,输卵管腺癌、子宫内膜癌、宫颈癌、胰腺癌、肠癌、乳腺癌和肺癌患者CA125的水平也会升高。

目前,TM检测方法主要有酶联免疫法、化学发光免疫法、时间分辨免疫荧光法等。本实验使用化学发光免疫法检验血清中肿瘤相关抗原CA125含量。

化学发光免疫分析(chemiluminescence immunoassay,CLIA),是将具有高灵敏度的化学发光测定技术与高特异性的免疫反应相结合,用于各种抗原、半抗原、抗体、激素、酶、脂肪酸、维生素、药物等检测的分析技术。化学发光免疫分析包含两个部分,即免疫反应系统和化学发光分析系统。免疫反应系统是将发光物质直接标记在抗原(化学发光免疫分析)或抗体(免疫化学发光分析)上,或酶作用于发光底物。化学发光分析系统是利用化学发光物质经催化剂的催化和氧化剂的氧化,形成一个激发态的中间体,当这种激发态的中间体回到稳定的基态时,同时发射出光子,利用发光信号测量仪器测量光量子产额。相对光单位(relative light unit, RLU):RLU是样品中光产生量的相对测试值,发光仪的原始数据通常以相对光单位表示。RLU 不是一个科学定义的单位。

三、实验用品

1. 器材

根据试剂盒说明书要求准备相关器材,及适用于该剂盒检测的发光测定仪。

2. 试剂

试剂主要组成成分如下(每个厂家略有差别):

(1)CA125 预包被板。

(2)抗 CA125-ALP(alkaline phosphatase) 标记物。

(3)CA125 校准品。

(4)CA125 质控物。

(5)发光底物液。

(6)样品稀释液。

四、实验步骤

1. 实验步骤

每个厂家略有差别,下面列出基本步骤。由于每个厂家加样量不同,因此一些步骤未注明加样量,实验时根据说明书加样。

(1)准备:根据说明书要求准备各种试剂、样本。

(2)加样品、校准品、质控物及抗 CA125-ALP 标记物:待测样品、校准品及质控物分别定位于微孔条板。然后各微孔加入抗 CA125-ALP 标记物,混匀。

(3)温育:置 37 ℃恒温反应 60 min。

(4)洗板:吸除板孔中的反应液,各孔加入洗液,静置 20 s 左右,除去其中液体。如此共洗 5 次,最后一遍将板中液体拍尽。

(5)加发光底物液:开启发光测定仪及主控制计算机,预热 15 min。设定测定模式与参数。将微孔板置于发光测定仪测定室,用内置加样器加发光底物液。

(6)测定相对光单位(RLU):于室温 25 ℃左右,设定每孔测定 1 s。在加发光底物液后的 10～20 min 内测定各孔的 RLU。

2. 数据处理与计算

根据各校准品测定的 RLU,用 Cubic Spline 方程建立 CA125 浓度 RLU 的回归方程并绘制校准曲线。根据各样品的 RLU 值,由定量软件直接计算转换成相应的 CA125 浓度。

五、注意事项

(1)检测结果的质量控制:

①平行检测质控物检测结果应在定量限范围内。

②校准品曲线在定量限范围内线性相关系数 $r \geqslant 0.9900$。

③校准品发光值递进比应在 99%可信区间范围内。

如不同时符合上述条件,则该试验无效。

(2)试剂启用后应尽快用完,不同批号试剂组分请勿混用,用时请将瓶中内容物混匀。

(3)免疫反应过程中，务必保持温度恒定、准确。
(4)临床标本均应视为有潜在传染性，请按传染疾病实验室检查规程操作。

六、思考题

(1)肿瘤标记物的检测方法有哪些？比较各种方法的优缺点。
(2)影响化学发光法测定结果准确性的因素有哪些？

（庄江兴）

实验六　血清甲胎蛋白(AFP)的测定

一、实验目的

(1)学习和掌握血清甲胎蛋白含量检测的原理和方法。

(2)了解血清甲胎蛋白检测的临床意义。

二、实验原理及临床意义

甲胎蛋白是一种糖蛋白,正常情况下,这种蛋白主要来自胚胎的肝细胞。胎儿出生后约两周,甲胎蛋白从血液中消失,因此正常人血清中甲胎蛋白的含量不到 20 μg/L。

1. 甲胎蛋白的来源

甲胎蛋白是啮齿类动物胚胎期和人胚胎期血清中的主要蛋白成分。人类胚胎在宫内发育的第 6 周左右用双向扩散法即能测出甲胎蛋白,到第 13 周左右可达到高峰,第 16 周后甲胎蛋白的浓度迅速下降而白蛋白浓度上升。因此,妊娠期妇女外周血中甲胎蛋白水平也是作为监测胎儿发育水平的一个重要指标。在人类胚胎中,甲胎蛋白最高浓度可达 3～4 mg/mL,但新生儿期其血清浓度为 10～50 μg/mL,出生后第一周末用双向扩散法即不能再测出。然而用敏感的方法测定,能够证明甲胎蛋白可持续存在于正常成人的血清中。用放射免疫分析法(radioimmunoassay,RIA)测献血员 11 例,8 例甲胎蛋白在 10 ng/mL 以下,处于很低的表达水平。

甲胎蛋白的合成部位主要是在啮齿动物及人类胚胎的肝脏,但也可在卵黄囊、胃肠道等。有人观察到在肝癌中,只有不到 20%的肝细胞含有甲胎蛋白,提示甲胎蛋白的产生只是细胞群中的少数在活动。另一种解释是所有细胞都制造甲胎蛋白,但只有少数细胞可储存甲胎蛋白。甲胎蛋白可出现于正常人中,表示某些细胞在人的一生中可持续合成甲胎蛋白。

2. 甲胎蛋白的生化特性

人类的甲胎蛋白属于 α-球蛋白,电泳运动的条带在白蛋白与球蛋白之间,分子量为 64000～72000,沉淀系数为 4.5。此蛋白约由 18 种氨基酸组成,碳水化合物约占 4%。来源于胎儿的甲胎蛋白呈一致电泳运动,来源于肿瘤患者的含有 4 种变异体或叫亚成分,其电泳运动有轻微差别,这种差别主要在碳水化合物的含量上而不在肽链的改变上。

对于胎儿期,甲胎蛋白所起的作用仍不太清楚。从其浓度的变化规律来看,甲胎蛋白可能是成人血中白蛋白的相应物质,白蛋白是甲胎蛋白的替代物。白蛋白在控制新生儿溶血性黄疸中起重要作用,而甲胎蛋白的作用可能主要在于维持正常妊娠,并保持胚胎不受母体排斥。

3. 血清甲胎蛋白的测定方法

酶联免疫吸附试验(enzyme-linked immunosorbent assay,ELISA)即将已知的抗原或抗体吸附在固相载体表面,使酶标记的抗原抗体反应在固相表面进行的技术。该技术可用于检测大分子抗原、特异性抗体等，具有快速、灵敏、简便、载体易于标准化等优点。

本实验采用辣根过氧化酶标记抗体 ELISA 法检测血清甲胎蛋白含量。用抗-甲胎蛋白单克隆抗体包被反应板，加入待测标本孵育后，再加入辣根过氧化物酶标记的抗-甲胎蛋白多克隆抗体。如果标本中含有甲胎蛋白，则能与包被在反应板上的抗-甲胎蛋白单克隆抗体结合，并与辣根过氧化物酶标记的抗-甲胎蛋白多克隆抗体形成复合物，加入 TMB 底物发生显色反应，吸光度 A 值与标本中甲胎蛋白含量的对数呈线性关系。通过同步检测已知浓度的甲胎蛋白参考品并计算标准曲线后，将待检标本 A 值代入回归方程，即可求出甲胎蛋白含量。

4. 临床意义

(1)诊断原发性肝癌。检测甲胎蛋白的含量是诊断原发性肝癌的重要手段之一，相较于常用的诊断肝癌的 B 超、同位素扫描、血液生化测定等方法更为敏感。用琼脂扩散法能检出 1～3 mg/L以上，阳性率可达 75%左右。反向血凝法较琼脂扩散法灵敏度高 100～200 倍；放射免疫法能检出纳克水平的甲胎蛋白，较琼脂扩散法灵敏度高 1000 倍，可使原发性肝癌阳性检出率达 90%左右。其他消化道肿瘤，如胃癌、胰腺癌、结肠癌、胆管细胞癌等也可导致甲胎蛋白升高，但肝转移癌极少增高。

(2)原发性肝癌患者血清中甲胎蛋白可达 250 μg/mL～6 mg/mL(甚至达到 9 mg/mL)，相当于正常人的数十倍乃至数万倍。早些年用双向扩散检测时，甲胎蛋白阳性对肝癌的诊断具有重要价值，在肝癌高发区约 50%的肝癌患者血清甲胎蛋白显著升高。据报道，10～30岁的肝癌患者中，甲胎蛋白阳性率可达 100%，31～40 岁和 40 岁以上的肝癌患者分别为 66%和 22%。

三、实验用品

1. 器材

烧杯、量筒、恒温水浴锅、不同规格精密移液器及一次性吸头、酶标仪(FC，Thermo)、37 ℃烘箱。

2. 试剂

(1)样品的收集与保存。

血清：全血(非抗凝血)在血清分离管中凝固 30 min 后，3000×g 离心约 10 min。样品立即存于－20 ℃或－80 ℃，避免反复冻融。

血浆：采集用 EDTA 或肝素抗凝，30 min 内于 4 ℃、3000×g 条件下离心后收集上清液。样品于－20 ℃或－80 ℃冰箱保存，避免反复冻融。

(2)血清铁蛋白 ELISA 检测试剂盒。试剂盒中试剂包含：甲胎蛋白标准品(5 ng/mL、10 ng/mL、20 ng/mL、50 ng/mL、100 ng/mL、200 ng/mL)各 1 瓶，微孔反应板(包被条)8 孔×6 或 12 孔×4，酶结合物(1 号液，3.5 mL/瓶)1 瓶，洗涤液(2 号液，40 mL/瓶)1 瓶，底物(3 号液)，显色剂(4 号液)。终止液试剂准备：20×洗涤液，用蒸馏水或去离子水按 1∶20 比例稀释。

四、实验步骤及结果计算

1. 实验步骤

(1)在开始实验之前，准备好所有试剂。所有标准品和样品均应设复孔。

(2)添加标准品:设置不同浓度的标准孔和样本孔,向每个标准孔中加 100 μL 浓度梯度的标准品。

(3)添加样品:向每个样本孔中加入测试样品 10 μL,然后加入样品稀释液 40 μL。另外,设置空白样品管,不添加任何试剂。

(4)用封口膜密封后于 37 ℃孵育 20 min。

(5)洗板:吸除孔中液体,每孔加入 400 μL 洗涤液,吸除。重复 5 次,每冲洗一次,孔中残余液体要全部吸尽。最后一次洗涤后,除去任何残留的液体,并颠倒微孔板,倒扣于干净纸巾上吸干可能残余的液体。洗涤要彻底,防止假阳性,但不可洗涤过猛、过急以防止假阴性。

(6)向各孔加入酶结合物 100 μL,轻轻混匀 37 ℃孵育 15 min,注意避光。重复步骤(5)。

(7)显色:向各孔中加入 50 μL 底物液,随即加入 50 μL 显色液,轻轻拍打板底,以确保彻底混匀,室温静置 2~3 min。

(8)终止:向各孔中加入 100 μL 终止液。

(9)读取数据:在 15 min 内用酶标仪于 450 nm 处读取各管吸光度 *A* 值。

2. 计算

(1)标准曲线的绘制:制作标准曲线用来确定未知样品的含量。标准曲线的横(*X*)轴为 6 个标准品浓度,纵(*Y*)轴为标准品在 450 nm 处的 *A* 值。

(2)计算每个标准品和样品的平均 *A* 值。所有标准品和样品的最终 *A* 值应为测得值减去空白管的 *A* 值,然后制作标准曲线。

(3)确定每一个样本的含量。首先通过 *Y* 轴上找到 *A* 值对应的点,水平延伸线在标准曲线上的交叉点,画一条垂直于 *X* 轴的线,读取相应的浓度。

(4)实验结果受操作者个人、移液和洗涤技术、孵育时间、温度、试剂盒的年限等因素的影响而不同,因此每个操作者都应该制作自己的标准曲线。

(5)1 IU/mL 相当于 1 ng/mL。

(6)标准曲线如图 3-4-1 所示。

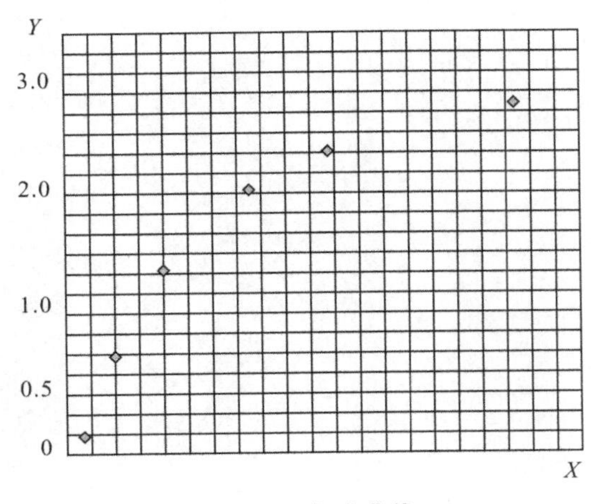

图 3-4-1　标准曲线

五、注意事项

(1)不要将试剂从一个试剂盒中替换到另一个试剂盒中,因为每个试剂盒中微孔板与试剂是最佳的性能匹配。

(2)需要使用时才能将微孔板从储物袋中取出。未使用的微孔板应存放于 2 ℃～8 ℃温度下,并置于提供的干燥袋中。

(3)使用前混合所有试剂。从冰箱取出所有试剂盒,并让它们恢复到室温(20 ℃～25 ℃)。

(4)标准孔和样本孔均应设复孔。

(5)洗板时每次均要将残余液体吸干净,同时注意保持板湿润。

(6)试剂瓶盖勿盖错。

(7)严格控制反应时间和显色时间。

(8)该试剂盒应作为具有潜在的传染性试剂处理。

六、思考题

(1)本实验操作过程中应当怎样避免实验结果的误差?

(2)测定血清甲胎蛋白有何临床意义?

(王鑫)

附　录

一、实验样品的制备

在生物化学实验中，无论是分析组织中各种物质的含量，还是研究组织中物质代谢的过程，皆需利用特定的生物样品。为了达到一定的实验目的，往往需要将获得的样品预先做适当的处理。掌握实验样品的正确处理方法乃是做好生物化学实验的先决条件。

基础生物化学实验中，最常用的动物或人体样品是全血、血浆、血清及无蛋白血滤液；组织样品则常用肝、肾、胰、胃黏膜或肌肉等，实验时可制成组织糜、组织匀浆、组织切片或组织浸出液等形式。有关这些组织样品的制备方法，扼要介绍如下。

（一）血液样品

全血：无论是收集动物还是人的血液，均应注意仪器的清洁与干燥，同时也要及时加入适当的抗凝剂以防止血液的凝固。一般在血液取出后，迅速盛于含有抗凝剂的器皿中，同时轻轻摇动，使血液与抗凝剂充分混合，以免形成小凝块。取得全血如不立即进行实验，应储存于冰箱内。

常用的抗凝剂有草酸盐、枸橼酸盐、氟化钠、EDTA、肝素等，可视实验要求选用。一般实验用草酸盐即可，但它不适用于血钙测定。氟化钠因兼有抗凝及抑制糖酵解的作用，故可用于血糖测定。但因其也能抑制脲酶，故用脲酶测定尿素时，不能应用。肝素虽好，但价格较高。

抗凝剂的用量不应过多，否则会影响实验结果，通常每毫升血液加 1～2 mg 草酸盐或 5 mg枸橼酸钠或 5～10 mg 氟化钠，肝素仅需要 0.01～0.20 mg。抗凝剂最好制成适当浓度的水溶液，然后取 0.5 mL 置于准备盛血的器皿内，再横放蒸干（肝素不宜超过 30 ℃），则抗凝剂在器皿壁上会形成一层薄膜，使用时较为方便，效果较满意。

血浆：上述抗凝的全血在离心机中离心，所得的上清液即为血浆。如需用血浆进行分析时，必须严格防止溶血，故采血时一切用具（注射器、针头、试管等）皆须清洁干燥，取出的血液也不能剧烈振摇。

血清：收集的血液不加抗凝剂，在室温下放 5～20 min 即自行凝固。通常经 3 h，血块收缩，析出清亮的血清。为了节省时间，必要时可离心分离血清。制备血清同样须防止溶血。

无蛋白血滤液：分析血液中许多成分时，也常除去蛋白质，制成无蛋白血滤液。如血液中的非蛋白氮、尿酸、肌酸等测定皆须先把血液制成无蛋白血滤液后，再进行分析测定。蛋白质沉淀剂如钨酸、三氯醋酸或氢氧化锌皆可用于制备无蛋白血滤液，可根据不同的需要加以选择。

（二）尿液样品

一般定性实验只需将尿收集一次即可，但一天之中各次排出尿液的成分随食物、饮水及一昼夜的生理变化等的影响而有很大的差异，因此定量测定尿液中各种成分皆应收集 24 h

尿混合后取样。通常在早晨一定时间排出残余尿而弃去，以后每次尿皆收集于清洁大玻瓶中，到第二天早晨同一时间收集最后一次尿即可，随即混合并用量筒量准其体积。

收集的尿液如不能立即进行实验，则应置于低温保存。必要时可在收集尿时即于收集的玻瓶中加入防腐剂如甲苯、盐酸等，通常每升尿中约加入 5 mL 甲苯或 5 mL 盐酸即可。

如需收集动物尿液，可将动物置于代谢笼中，其排出尿液经笼下漏斗流入瓶中而收集。

（三）组织样品

离体不久的组织，在适宜的温度及 pH 等条件下，可以进行一定程度的物质代谢。因此，在生物化学实验中，常利用离体组织研究各种物质代谢的途径与酶系的作用，也可以从组织中提取各种代谢物质或酶进行研究。

但是各种组织离体过久后，都要发生变化。例如，组织中的某些酶在久置后发生变性而失活；有些组织成分如糖原、ATP 等，甚至在动物死亡数分钟至十几分钟内，其含量即有明显的降低，因此，利用离体组织进行代谢研究或作为提取材料时，都必须迅速将它取出，并尽快进行提取或测定。一般采用断头法处死动物，放出血液，立即取出实验所需脏器或组织，去除外层的脂肪及结缔组织后，用冰冷生理盐水洗去血液，必要时也可用冰冷的生理盐水灌注脏器以洗去血液，再用滤纸吸干，即可用于实验。取出的脏器或组织，可根据不同的目的，用以下不同的方法制成不同的组织样品。

组织糜：将组织用剪刀迅速剪碎，或用绞肉机绞成糜状即可。

组织匀浆：新鲜组织称取质量后剪碎，加入适当的匀浆制备液，用高速电动匀浆器将组织研磨成匀浆。为了减少研磨产生的热量，使组织及酶不致变性，制备匀浆时一般应将玻璃匀浆管插入冰水浴中，适当控制研磨的速度。玻璃匀浆管是由一种特制的厚壁毛玻璃管和一个一端带有磨砂玻璃杵头的研磨杆组成，规格大小不一，使用时可根据需要进行选择。

（黄小花）

二、实验动物的处理

我们应遵循人道主义精神，爱护和善待动物。在动物实验过程中应尽可能地减少动物的痛苦。1959 年，拉塞尔（William M.S.Russell）提出著名的“3R 原则”：Reduction（减少），Replacement（替代），Refinement（优化）。Reduction 是指在进行动物实验时，尽量使用较少的实验动物，获取同样多的实验数据，或使用数量一定的实验动物，获取更多的实验数据；Replacement 是指在进行科学实验时，尽量使用其他方法取代，或用低等动物替代高等动物进行实验，但能达到同样的实验效果；Refinement 是指通过改进和完善实验程序，减轻或减少给动物造成紧张不安或疼痛，同时保证动物实验结果可靠。实验结束后，也应让动物无痛苦地死亡或尽量减少死亡的痛苦。

（一）大鼠和小鼠的处死方法

（1）脊椎脱臼法：左手拇指与食指用力向下按住鼠颈，同时右手抓住鼠尾巴用力后拉，将脊髓与脑髓拉断，鼠立即死亡。

（2）麻醉致死法：采用吸入麻醉剂如乙醚等麻醉小鼠后，在鼠颈部用剪刀断头处死。

（3）缺氧窒息法：缓慢降低大鼠小鼠活动范围内的氧气，用低浓度氧和高浓度 CO 使其窒息死亡。

（二）豚鼠、兔的处死方法

（1）空气栓塞法：向动物静脉内注入一定量空气，使之发生空气栓塞而致死。注入空气的量，家兔约 10 mL，可由耳缘静脉注入。

（2）急性放血法：自动脉（颈动脉或股动脉）快速放血使动物迅速死亡。

（3）药物法：10%KCl，家兔静脉注射 5～10 mL，可使其心脏停搏而死亡；成年犬于前肢皮下静脉注射 20～30 mL，即可处死。

（黄小花）

三、实验室常用试剂、缓冲液及其配制

2 mol/L NaOH（氢氧化钠）

组分浓度：2 mol/L NaOH。

配制量：100 mL。

配制方法：

（1）量取 80 mL 去离子水置于 200 mL 的塑料烧杯中（NaOH 溶解过程中大量放热，有可能使玻璃烧杯炸裂）。

（2）称取 8 g NaOH 小心地逐渐加入烧杯中，边加边搅拌。

（3）待 NaOH 完全溶解后，用去离子水将溶液体积定容至 100 mL。

（4）将溶液转移至塑料容器中后，室温保存。

1 mol/L HCl（盐酸）

组分浓度：1 mol/L HCl。

配制量：100 mL。

配制方法：

量取 70 mL 的去离子水置于 200 mL 的烧杯中，加入 8.3 mL 的浓盐酸（12 mol/L），混合均匀，用去离子水将溶液定容至 100 mL，室温保存。

1 mol/L H_2SO_4（硫酸）

组分浓度：1 mol/L H_2SO_4。

配制量：500 mL。

配制方法：

（1）量取 200 mL 的去离子水置于 1 L 的塑料烧杯中（浓 H_2SO_4 稀释过程中大量放热，有可能使玻璃烧杯炸裂），沿烧杯壁慢慢加入 27.8 mL 的浓硫酸（18 mol/L），并不断用玻璃棒搅拌，使产生的热量迅速扩散。

（2）待烧杯中稀释的硫酸冷却至室温后，用去离子水定容至 500 mL，室温保存。

PBS 缓冲液

组分浓度：137 mmol/L NaCl，2.7 mmol/L KCl，10 mmol/L Na_2HPO_4，2 mmol/L KH_2PO_4。

配制量：1000 mL。

配制方法：

(1)称量下列试剂，置于 1 L 烧杯中：NaCl 8 g，KCl 0.2 g，Na_2HPO_4 1.42 g，KH_2PO_4 0.27 g。

(2)向烧杯中加入约 800 mL 去离子水，充分搅拌溶解。

(3)滴加 HCl 将 pH 值调节至 7.4，然后加入去离子水将溶液定容至 1000 mL。

(4)高温高压灭菌后，室温保存。

注意：上述 PBS 缓冲液中无二价阳离子，如需要，可在配方中补充 1 mmol/L $CaCl_2$ 和 0.5 mmol/L $MgCl_2$。

甘氨酸-盐酸缓冲液(0.05 mol/L)

X mL 0.2 mol/L 甘氨酸 + Y mL 0.2 mol/L HCl，再加水稀释至 200 mL。

pH	X/mL	Y/mL	pH	X/mL	Y/mL
2.0	50	44.0	3.0	50	11.4
2.4	50	32.4	3.2	50	8.2
2.6	50	24.2	3.4	50	6.4
2.8	50	16.8	3.6	50	5.0

磷酸氢二钠-枸橼酸缓冲液

X mL 0.2 mol/L 磷酸氢二钠+Y mL0.1 mol/L 枸橼酸。

pH	X/mL	Y/mL	pH	X/mL	Y/mL
2.2	0.40	10.60	5.2	10.72	9.28
2.4	1.24	18.76	5.4	11.15	8.85
2.6	2.18	17.82	5.6	11.60	8.40
2.8	3.17	16.83	5.8	12.09	7.91
3.0	4.11	15.89	6.0	12.63	7.37
3.2	4.95	15.06	6.2	13.22	6.78
3.4	5.70	14.30	6.4	13.85	6.15
3.6	6.44	13.56	6.6	14.55	5.45
3.8	7.10	12.90	6.8	15.45	4.55
4.0	7.71	12.29	7.0	16.47	3.53
4.2	8.28	11.72	7.2	17.39	2.61
4.4	8.82	11.18	7.4	18.17	1.83
4.6	9.35	10.65	7.6	18.73	1.27
4.8	9.86	10.14	7.8	19.15	0.85
5.0	10.30	9.70	8.0	19.45	0.55

枸橼酸-枸橼酸钠缓冲液

X mL 0.1 mol/L 枸橼酸＋Y mL 0.1 mol/L 枸橼酸钠。

pH	X/mL	Y/mL	pH	X/mL	Y/mL
3.0	18.6	1.4	5.0	8.2	11.8
3.2	17.2	2.8	5.2	7.3	12.7
3.4	16.0	4.0	5.4	6.4	13.6
3.6	14.9	5.1	5.6	5.5	14.5
3.8	14.0	6.0	5.8	4.7	15.3
4.0	13.1	6.9	6.0	3.8	16.2
4.2	12.3	7.7	6.2	2.8	17.2
4.4	11.4	8.6	6.4	2.0	18.0
4.6	10.3	9.7	6.6	1.4	18.6
4.8	9.2	10.8			

磷酸氢二钠-磷酸二氢钠缓冲液

X mL 0.2 mol/L 磷酸氢二钠＋Y mL 0.2 mol/L 磷酸二氢钠。

pH	X/mL	Y/mL	pH	X/mL	Y/mL
5.8	8.0	92.0	7.0	61.0	39.0
5.9	10.0	90.0	7.1	67.0	33.0
6.0	12.3	87.7	7.2	72.0	28.0
6.1	15.0	85.0	7.3	77.0	23.0
6.2	18.5	81.5	7.4	81.0	19.0
6.3	22.5	77.5	7.5	84.0	16.0
6.4	26.5	73.5	7.6	87.0	13.0
6.5	31.5	68.5	7.7	89.5	10.5
6.6	37.5	62.5	7.8	91.5	8.5
6.7	43.5	56.5	7.9	93.0	7.0
6.8	49.5	51.0	8.0	94.7	5.3
6.9	55.0	45.0			

磷酸氢二钠-磷酸二氢钾缓冲液

X mL 1/15 mol/L 磷酸氢二钠+Y mL 毫升 1/15 mol/L 磷酸二氢钾。

pH	X/mL	Y/mL	pH	X/mL	Y/mL
4.92	0.10	9.90	7.17	7.00	3.00
5.29	0.50	9.50	7.38	8.00	2.00
5.91	1.00	9.00	7.73	9.00	1.00
6.24	2.00	8.00	8.04	9.50	0.50
6.47	3.00	7.00	8.34	9.75	0.25
6.64	4.00	6.00	8.67	9.90	0.10
6.81	5.00	5.00	8.18	10.00	0
6.98	6.00	4.00			

磷酸二氢钾-氢氧化钠缓冲液

X mL 0.2 mol/L 磷酸二氢钾+Y mL 0.2 mol/L 氢氧化钠加水稀释至 29 mL。

pH	X/mL	Y/mL	pH	X/mL	Y/mL
5.8	5	0.372	7.0	5	2.963
6.0	5	0.570	7.2	5	3.500
6.2	5	0.860	7.4	5	3.950
6.4	5	1.260	7.6	5	4.280
6.6	5	1.780	7.8	5	4.520
6.8	5	2.365	8.0	5	4.680

蛋白质电泳相关试剂、缓冲液配制方法

30%(*W/V*)Acrylamide(丙烯酰胺)

组分浓度：

29%(*W/V*)Acrylamide (丙烯酰胺)。

1%(*W/V*)BIS (双丙烯酰胺)。

配制量：1000 mL。

配制方法 ：

(1)称量下列试剂，置于 1 L 烧杯中：Acrylamide 290 g，BIS 10 g。

(2)向烧杯中加入约 600 mL 去离子水，充分搅拌溶解。

(3)加去离子水将溶液定容至 1 L，用 0.45 μm 滤膜滤去杂质。

(4)于棕色瓶中 4 ℃保存。

注意：丙烯酰胺具有很强的神经毒性，可通过皮肤吸收，且其作用具有积累性，配制时应戴手套等。聚丙烯酰胺无毒，但也应谨慎操作，因为有可能含有少量的未聚合成分。

1 mol/L Tris-HCl (pH 7.4,7.6,8.0)

组分浓度:1 mol/L Tris-HCl。

配制量:1000 mL。

配制方法:

(1)称取 121.1 g Tris 置于 1 L 的烧杯中。

(2)加入约 800 mL 去离子水,充分搅拌溶解。

(3)按下表量加入浓盐酸调节所需要的 pH 值。

pH	浓盐酸/mL
7.4	约 70
7.6	约 60
8.0	约 42

(4)将溶液定容至 1 L。

(5)高温高压灭菌后,室温保存。

注意:应使溶液冷却至室温后再调节 pH 值,因为 Tris 溶液的 pH 值随着温度的变化差异很大,温度每升高 1 ℃,溶液的 pH 值大约降低 0.03 个单位。

1.5 mol/L Tris-HCl(pH 8.8)

组分浓度:1 mol/L Tris-HCl。

配制量:1000 mL。

配制方法:

(1)称取 181.7 g Tris 置于 1 L 的烧杯中。

(2)加入约 800 mL 去离子水,充分搅拌溶解。

(3)用浓盐酸调节 pH 值至 8.8。

(4)将溶液定容至 1 L。

(5)高温高压灭菌后,室温保存。

注意:应使溶液冷却至室温后再调节 pH 值,因为 Tris 溶液的 pH 值随着温度的变化差异很大,温度每升高 1 ℃,溶液的 pH 值大约降低 0.03 个单位。

10% (*W/V*) SDS(十二烷基硫酸钠)。

组分浓度:10%SDS(十二烷基硫酸钠)。

配制量:100 mL。

配制方法:

(1)称取 10 g 高纯度的 SDS 慢慢转移到约 80 mL 的去离子水的烧杯中,用磁力搅拌器搅拌直至完全溶解。

(2)滴加浓盐酸调节 pH 值至 7.2。

(3)将溶液用去离子水定容至 100 mL。

10% (*W/V*) AP (过硫酸铵)

组分浓度:10% (*W/V*)AP(过硫酸铵)。

配制量:10 mL。

配制方法:

(1)称取 1 g AP。

(2)加入 10 mL 的去离子水后搅拌溶解。

(3)储存于 4 ℃。

注意:10%过硫酸铵溶液在 4 ℃保存可使用 2 周左右,超过期限会失去催化作用。

5×Tris-Glyclne 缓冲液(SDS-PAGE 电泳缓冲液)

组分浓度:0.125 mol/L Tris,1.25 mol/L Glyclne(甘氨酸),0.5% (*W*/*V*) SDS。

配制量:1000 mL。

配制方法:

(1)称量下列试剂,置于 1 L 烧杯中:Tris 15.1 g ,Glyclne 94 g,SDS 5.0 g。

(2)加入约 800 mL 的去离子水搅拌溶解。

(3)加去离子水将溶液定容至 1 L 后,室温保存。

2×SDS-PAGE 上样缓冲液

组分浓度:100 mmol/L Tris-HCl(pH 6.8),100 mmol/L *β*-巯基乙醇 (2-ME),4% (*W*/*V*)SDS,(*W*/*V*) 溴酚蓝(BPB),20% (*V*/*V*) 甘油。

配制量:5 mL。

配制方法:

(1)量取下列试剂,置于 10 mL 塑料离心管中:0.25 mol/L Tris-HCl (pH 6.8)0.25 mL,*β*-巯基乙醇 0.5 mL,SDS 0.2 g,甘油 1 mL,1%溴酚蓝 0.1 mL。

(2)加去离子水溶解后定容至 5 mL。

(3)小份(500 μL/份)分装后,于室温保存。

(4)加入 2-ME 的上样缓冲液可在室温下保存一个月左右。

5×SDS-PAGE 上样缓冲液

组分浓度:250 mmol/L Tris-HCl(pH 6.8),10% (*W*/*V*) SDS,(*W*/*V*) BPB,50% (*V*/*V*)甘油, 5% (*W*/*V*) 2-ME。

配制量:5 mL。

配制方法:

(1)量取下列试剂,置于 10 mL 塑料离心管中:1 mol/L Tris-HCl(pH 6.8)1.25 mL,SDS 0.5 g,BPB 25 mg,甘油 2.5 mL。

(2)加去离子水溶解后定容至 5 mL。

(3)小份(500 μL/份)分装后,于室温保存。

(4)使用前将 25 μL 的 2-ME 加到每小份中。

(5)加入 2-ME 的上样缓冲液可在室温下保存一个月左右。

考马斯亮蓝 R-250 染色液

组分浓度:0.1%(*W*/*V*) 考马斯亮蓝 R-250,25%(*V*/*V*)异丙醇,10% (*V*/*V*)冰醋酸。

配制量：1000 mL

配制方法：

(1)称取 1 g 考马斯亮蓝 R-250，置于 1 L 烧杯中。

(2)量取 250 mL 的异丙醇加入上述烧杯中，搅拌溶解。

(3)加入 100 mL 的冰醋酸，搅拌均匀。

(4)加入 650 mL 的去离子水，搅拌均匀。

(5)用滤纸除去颗粒物质后，室温保存。

考马斯亮蓝染色脱色液

组分浓度：10% (*V*/*V*)ethanoic acid(冰醋酸)，30%(*V*/*V*)乙醇。

配制量：1000 mL。

配制方法：

(1)量取下列溶液，置于 1 L 烧杯中：冰醋酸 100 mL，乙醇 300 mL，dH_2O 600 mL。将上述溶液充分混合后使用。

不同浓度的 SDS-PAGE 胶分离蛋白的范围

SDS-PAGE 分离胶浓度	最佳分离范围
6%胶	50～150 KD
8%胶	30～90 KD
10%胶	20～80 KD
12%胶	12～60 KD
15%胶	10～40 KD

SDS-PAGE 浓缩胶(5% Acrylamide)配方

各种组分名称	各种凝胶体积所对应的各种组分的取样量							
	1 mL	2 mL	3 mL	4 mL	5 mL	6 mL	8 mL	10 mL
H_2O	0.68	1.4	2.1	2.7	3.4	4.1	5.5	6.8
30%丙烯酸胺	0.17	0.33	0.5	0.67	0.83	1.0	1.3	1.7
1.0 mol/L Tris-HCl (pH 6.8)	0.13	0.25	0.38	0.5	0.63	0.75	1.0	1.25
10% SDS	0.01	0.02	0.03	0.04	0.05	0.06	0.08	0.1
10% 过硫酸铵	0.01	0.02	0.03	0.04	0.05	0.06	0.08	0.1
TEMED	0.001	0.002	0.003	0.004	0.005	0.006	0.008	0.01

SDS-PAGE 分离胶配方

各种组分名称	各种凝胶体积所对应的各种组分的取样量							
	5 mL	10 mL	15 mL	20 mL	25 mL	30 mL	40 mL	50 mL
6% Gel								
H_2O	2.6	5.3	7.9	10.6	13.2	15.9	21.2	26.5

续表

各种组分名称	各种凝胶体积所对应的各种组分的取样量							
	5 mL	10 mL	15 mL	20 mL	25 mL	30 mL	40 mL	50 mL
30% 丙烯酸胺	1.0	2.0	3.0	4.0	5.0	6.0	8.0	10.0
1.5 mol/L Tris-HCl (pH 8.8)	1.3	2.5	3.8	5.0	6.3	7.5	10.0	12.5
10%SDS	0.05	0.1	0.15	0.2	0.25	0.3	0.4	0.5
10%过硫酸铵	0.05	0.1	0.15	0.2	0.25	0.3	0.4	0.5
TEMED	0.004	0.008	0.012	0.016	0.02	0.024	0.032	0.04
8%Gel								
H_2O	2.3	4.6	6.9	9.3	11.5	13.9	18.5	23.2
30%丙烯酸胺	1.3	2.7	4.0	5.3	6.7	8.0	10.7	13.3
1.5 mol/L Tris-HCl(pH 8.8)	1.3	2.5	3.8	5.0	6.3	7.5	10.0	12.5
10%SDS	0.05	0.1	0.15	0.2	0.25	0.3	0.4	0.5
10%过硫酸铵	0.05	0.1	0.15	0.2	0.25	0.3	0.4	0.5
TEMED	0.003	0.006	0.009	0.012	0.015	0.018	0.024	0.03
10%Gel								
H_2O	1.9	4.0	5.9	7.9	9.9	11.9	15.9	19.8
30%丙烯酸胺	1.7	3.3	5.0	6.7	8.3	10.0	13.3	16.7
1.5 mol/L Tris-HCl (pH 8.8)	1.3	2.5	3.8	5.0	6.3	7.5	10.0	12.5
10%SDS	0.05	0.1	0.15	0.2	0.25	0.3	0.4	0.5
10%过硫酸铵	0.05	0.1	0.15	0.2	0.25	0.3	0.4	0.5
TEMED	0.002	0.004	0.006	0.008	0.01	0.012	0.016	0.02
12%Gel								
H_2O	1.6	3.3	4.9	6.6	8.2	9.9	13.2	16.5
30%丙烯酸胺	2.0	4.0	6.0	8.0	10.0	12.0	16.0	20.0
1.5 mol/L Tris-HCl (pH 8.8)	1.3	2.5	3.8	5.0	6.3	7.5	10.0	12.5
10%SDS	0.05	0.1	0.15	0.2	0.25	0.3	0.4	0.5
10%过硫酸铵	0.05	0.1	0.15	0.2	0.25	0.3	0.4	0.5
TEMED	0.002	0.004	0.006	0.008	0.01	0.012	0.016	0.02
15%Gel								
H_2O	1.1	2.3	3.4	4.6	5.7	6.9	9.2	11.5
30%丙烯酸胺	2.5	5.0	7.5	10.0	12.5	15.0	20.0	25.0
1.5 mol/L Tris-HCl (pH 8.8)	1.3	2.5	3.8	5.0	6.3	7.5	10.0	12.5
10%SDS	0.05	0.1	0.15	0.2	0.25	0.3	0.4	0.5
10%过硫酸铵	0.05	0.1	0.15	0.2	0.25	0.3	0.4	0.5
TEMED	0.002	0.004	0.006	0.008	0.01	0.012	0.016	0.02

层析法常用数据表

(一)常用的离子交换纤维素类型

类型		交换剂名称	缩写	解离基团	交换摩尔/(mmol/g)	pK
阳离子交换	强酸	磷酸纤维	P	-O-P3H2	0.7—7.4	pK 11～2 pK 26.0～6.5
		甲基磺酸纤维素	SM			
		乙基磺酸纤维素	SE	$-O-CH_2-CH_2-SO_3H$	0.2～0.3	2.2
	弱酸	羧甲基纤维素	CM	$-O-CH_2-COOH$	0.5～1.0	36
阴离子	强碱	三乙基氨基乙基纤维素	TEAE	$-O-CH_2-CH_2-N(C_2H_5)_3$	0.5～1.0	10
	弱碱	三乙基氨基乙基纤维素	DEAE	$-O-CH_2-CH_2-N(C_2H_5)_2$	0.1～1.1	0.1～0.5
		氨基乙基纤维素	AE	$-O-CH_2-CH_2NH_2$	0.3～1.0	
		Ecteola 纤维素	ECTE-OLA	$-N+(CH_2-CH_2-OH)_3$	0.1～0.5	7.4～7.6

(二)常用的凝胶离子交换剂类型

类型	离子交换基团	床体积/(mL/g)	分离范围(Mr)	交换量	
				总交换容量/(mmol/g)	血红蛋白/(g/g)
强阳离子交换剂 SE-Sephadex C-25 C-50	$-CH_2CH_2SO_3H$	5～9 32～38	$3\times10^4\sim2\times10^5$ $3\times10^4\sim2\times10^5$	2.0～2.5	0.7 2.4
SP-Sephadex C-25 C-50	$CH_2CH_2CH_2SO_3H$			2.3±0.3	7.0
弱阳离子交换剂 CM-Sephadex C-25 C-50	$-O-CH_2COOH$	6～10 32～40	$3\times10^4\sim2\times10^5$ $3\times10^4\times2\times10^5$	3.0×4.0	0.3 6
强阴离子交换剂 QAM-Sephadex A-25 A-50	$-O-C_2H_4N+(C_2H_5)_2$ $-CH_2CH(OH)CH_3$	5～8 30～40	$3\times10^4\sim2\times10^5$ $3\times10^4\sim2\times10^5$	3.0×4.0	0.3 6

续表

类型	离子交换基团	床体积 mL/g	分离范围 (Mr)	交换量	
				总交换容量/(mmol/g)	血红蛋白/(g/g)
弱阴离子交换剂 DEAE-Sephadex A-25 A-50	$-C_2H_2N^+(C_2H_5)_2H$	5～9 25～83	$3\times10^4\sim2\times10^5$ $3\times10^4\sim2\times10^5$	3.5×0.5	0.5 5

(三)葡聚糖凝胶的技术数据

分子筛类型	干颗粒直径/μm	分子量分级的范围		床体积/(mL/g干凝胶)	得水值/(mL/g干凝胶)	溶胀最少平衡时间/h		柱头压力/cmH_2O(2.5厘米直径柱)
		肽及球型蛋白质	葡聚糖(线性分子)			室温	沸水浴	
Sephadex *G*-10	40～120	～700	～700	2～3	1.0±0.1	3	1	
Sephadex *G*-15	40～120	～1500	～1500	2.5～3.5	1.0±0.1	3	1	
Sephadex *G*-25 粗级 中级 细级 超细	100～300(＝50～100目) 50～150(＝100～200目) 20～80(＝200～400目) 10～40	1 000～5 000	100～5000	4～6	2.50±0.2	6	2	
Sephadex *G*-50 粗级 中级 细级 超细	100～300 50～150 20～80 10～40	1 500～30000	500～10000	9～11	5.0±0.3	6	2	
Sephadex *G*-75 超细	40～120 10～40	3000～70000	1000～50000	12～15	7.5±0.5	24	3	40～160
Sephadex *G*-100 超细	40～120 10～40	4000～1500000	1000～100000	15～20	10.0±1.0	48	5	24～96

续表

分子筛类型	干颗粒直径/μm	分子量分级的范围		床体积/(mL/g 干凝胶)	得水值/(mL/g 干凝胶)	溶胀最少平衡时间/h		柱头压力/cm H_2O (2.5 厘米直径柱)
		肽及球型蛋白质	葡聚糖(线性分子)			室温	沸水浴	
Sephadex *G*-150 超细	40～120 10～40	5000～400000	1000～150000	20～30 18～22	15.0±1.5	72	5	9～36
Sephadex *G*-200	40～120 10～40	5000～800000	1000～200000	30～40 20～25	20.0±2.0	72	5	4～16

(四)聚丙烯酰胺凝胶的技术数据

型 号	排阻下限(分子量)	分离分级范围(分子量)	膨胀后的床体积/(mL/g 干凝胶)	膨胀所需最少时间/h(室温)
Bio-Gel-P-2	1600	200～2000	3.8	2～4
Bio-Gel-P-4	3600	500～4000	5.8	2～4
Bio-Gel-P-6	4600	1000～5000	8.8	2～4
Bio-Gel-P-10	10000	5000～17000	12.4	2～4
Bio-Gel-P-30	30000	20000～50000	14.9	10～12
Bio-Gel-P-60	60000	30000～70000	19.0	10～12
Bio-Gel-P-100	100000	40000～100000	19.0	24
Bio-Gel-P-150	150000	50000～150000	24.0	24
Bio-Gel-P-200	200000	80000～300000	34.0	48
Bio-Gel-P-300	300000	100000～400000	40.0	48

注：上述各种型号的凝胶生产厂为 Bio-Rad Laboratories，Richmond，California，U.S.A。

(五)琼脂糖凝胶的技术数据

名称、型号	凝胶内琼脂糖百分含量(W/W)	排阻下限(分子量)	分离分级的范围(分子量)	生产厂家
Sepharose-4B	4		$0.3\times10^6\sim3\times10^6$	Pharmacia，Uppsala Sweden
Sepharose-2B	2		$2\times10^6\sim25\times10^6$	
Sagavac 10	10	2.5×10^5	$1\times10^4\sim2.5\times10^5$	Seravac Laboratories Maidenhead，England
Sagavac 8	8	7×10^5	$2.5\times10^4\sim7\times10^5$	
Sagavac 6	6	2×10^6	$5\times10^4\sim2\times10^6$	
Sagavac 4	4	15×10^6	$2\times10^5\sim15\times10^6$	
Sagavac 2	2	150×10^6	$5\times10^5\sim15\times10^7$	
Bio-Gel A-0.5M	10	0.5×10^6	$<1\times10^4\sim0.5\times10^6$	Bio-Rad Laboratories California，U.S.A.
Bio-Gel A-1.5M	8	1.5×10^6	$<1\times10^4\sim1.5\times10^6$	
Bio-Gel A-5M	6	5×10^6	$1\times10^4\sim5\times10^6$	
Bio-Gel A-15M	4	15×10^6	$4\times10^4\sim15\times10^6$	
Bio-Gel A-50M	2	50×10^6	$1\times10^5\sim50\times10^6$	
Bio-Gel A-150M	1	150×10^6	$1\times10^6\sim150\times10^6$	

注：琼脂糖是琼脂内非离子型的组分，它在 0～4 ℃，pH 4～9 范围内是稳定的。

(六)各种凝胶所允许的最大操作压

凝　胶	建议的最大静水压/cmH_2O
Sephadex	
G-10	100
G-15	100
G-25	100
G-50	100
Sephadex G-75	50
Sephadex G-100	35
Sephadex G-150	15
Sephadex G-200	10
Bio-Gel	
P-2	100
P-4	100
P-6	100
P-10	100
P-30	100
P-60	100
Bio-Gel P-100	60
Bio-Gel P-150	30
Bio-Gel P-200	20
Bio-Gel P-300	15
Sepharose	
2B	1[a]
4B	1
Bio-Gel	
Bio-Gel A-0.5M	100
Bio-Gel A-1.5M	100
Bio-Gel A-5M	100
Bio-Gel A-15M	90
Bio-Gel A-50M	50
Bio-Gel A-150M	30

[a] 每厘米凝胶长度。

（黄小花）

参考文献

[1]DAVID J H，HAZEL P. Analytical biochemistry [M]. Third edition. United Kingdom：Addision Wesley Longman Limited，1998.

[2]杨孙楷，苏循荣，林竹光.仪器分析实验[M].厦门：厦门大学出版社，1996.

[3]刘珍.化验员读本[M].北京：化学工业出版社，2004.

[4]罗庆尧，邓延倬，蔡汝秀，等.分光光度分析[M].北京：科学出版社，1992.

[5]周先碗，胡晓倩.生物化学仪器分析与实验技术[M].北京：化学工业出版社，2003.

[6]刘崇华，黄宗平.光谱分析仪器使用与维护[M].北京：化学工业出版社，2010.

[7]王兆君，张秀锦.评价改良的大鼠肝脏组织两步蛋白提取法[J].海军总医院学报，2003，16：179-180.

[8]刘邻渭，陶健，毕磊.双缩脲法测定荞麦蛋白质[J].食品科学，2004，25：258-261.

[9]许亚军，林俊岳.蛋白质提纯研究进展[J].天津化工，2006，20：9-12.

[10]王子佳，李红梅，弓爱君，等.蛋白质分离纯化方法研究进展[J].化学与生物工程，2009，26：8-11.

[11]赵玉柱.斐林试剂和双缩脲试剂的比较[J].生物学通报，2011，46：15-16.

[12]于海，张鹏，姚培正.聚丙烯酰胺凝胶体系[J].杭州化工，2011，41：18-20.

[13]邱金枚，赵玉平.聚丙烯酰胺凝胶电泳常见问题分析与预防措施[J].种子科技适用技术，2003，2：107-108.

[14]王燕，杨鸿剑，王水云.复合聚丙烯酰胺凝胶体系的研究[J].新疆石油学院学报，2003，15：54-58.

[15]李霞斌，孙兴旺.变性聚丙烯酰胺凝胶制备体会[J].西南军医，2010，12：483.

[16]杨歌德，姜玉梅，周宏博.凝胶过滤层析分离蛋白质实验中三种过滤介质分离效果的比较[J].哈尔滨医科大学学报，2002，36：242-243.

[17]王玢，袁方曜.凝胶过滤层析分离纯化纤维素酶的研究[J].山东教育学院学报，2004，6：88-90.

[18]凝胶过滤色谱.得泰生物公司活性蛋白整体方案.

[19]陈钧辉，李俊.生物化学实验[M].5版.北京：科学出版社，2014.

[20]王玉明.医学生物化学与分子生物学实验技术[M].北京：清华大学出版社，2011.

[21]朱月春，曹西南.医学生物化学与分子生物学实验教程[M].北京：高等教育出版社，2011.

[22]王庸晋.现代临床检验学[M].2版.北京：人民军医出版社，2007.

[23]Solarbio Life Sciences，总胆固醇（total cholesterol，TC）含量测定试剂盒说明书（http：//www.solarbio.com）.

[24]上海聚创生物科技有限公司，高密度脂蛋白胆固醇测定试剂盒说明书（http：//ju-

chuangbio.com).
[25]张翠香,罗永会,陈贵元.胰岛素及肾上腺素对家兔血糖含量影响综合实验的建立和探讨[J].临床和实验医学杂志,2009,8(1):15-16.
[26]黄颖,樊希承.糖化血红蛋白几种常见检测方法[J].临床和实验医学杂志,2009,8(2):126-127.
[27]何忠效,张树政.电泳[M].2 版.北京:科学出版社,1999.
[28]刘玉庆.生物化学实验指导[M].北京:人民卫生出版社,2004.
[29]林加涵,等.现代生物学实验(上,下册)[M].北京:高等教育出版社,2002.